家政服务员
（修订版）

JIAZHENG
FUWUYUAN

湖北省人力资源和社会保障厅
湖北省劳动就业管理局　编

编委会

主　任	邵汉生			
副主任	皮广洲	鄢楚怀	高　忻	李齐贵	熊娅玲
	党铁娃			
委　员	罗海浪	李湘泉	彭明良	程明贵	姜　铭
	周大铭	李国俊	阎　晋	金　晖	卢建文
	高　铮	李　琪	刘健飞	刘长胜	陆　军
	陈　飞	李贞权	刘　君	李雯莉	苏公亮
	龚荣伟	周建亚	胡　正	汪袁香	
本书主编	黄新运			

长江出版传媒　湖北科学技术出版社

图书在版编目（CIP）数据

家政服务员 / 黄新运主编 . —2 版（修订本）
— 武汉：湖北科学技术出版社，2011.3（2022.4 重印）
（农村劳动力转移就业职业培训教材丛书）
ISBN 978-7-5352-4039-2

Ⅰ．①家…　Ⅱ．①黄…　Ⅲ．①家政服务—技术培训—教材　Ⅳ．① TS976.7

中国版本图书馆 CIP 数据核字（2011）第 035073 号

策　　划：刘　玲
责任编辑：兰季平　　　　　　　　　　　　封面设计：胡　博

出版发行：湖北科学技术出版社　　　　电话：027-87679468
地　　址：武汉市雄楚大街 268 号　　　　邮编：430070
　　　　　（湖北出版文化城 B 座 13~14 层）
网　　址：http://www.hbstp.com.cn

印　　刷：武汉市首壹印务有限公司　　　邮　编：430013

850×1168　　1/32　　　7.25 印张　　　　174 千字
2011 年 3 月第 2 版　　　　　　　　2022 年 4 月第 9 次印刷
　　　　　　　　　　　　　　　　　　定　价：15.00 元

序

　　中国共产党十七届三中全会明确指出：就业和再就业问题关系党和国家事业发展全局。解决这些问题，最根本的出路在于城镇化，创造有效的就业岗位，引导劳动力向制造业和服务业等非农产业转移。我省是劳动力资源丰富的大省，做好劳动力的转移就业工作，对统筹城乡发展、建设和谐社会，具有重大意义。

　　近年来，我省劳动力转移就业步伐加快，成效明显。但是，由于长期以来的二元经济结构，形成了城乡分割的就业管理体制，致使劳动力转移就业仍然面临较大困难。专业技能的缺乏，也在一定程度上成为制约劳动力转移就业的"瓶颈"所在。一方面，随着部分企业生产项目调整、生产方式转变、产品更新换代加快，企业对劳动者的技能要求、管理能力要求有了较大的提高，符合企业用工要求的技术工人、高级管理人员相对缺乏；另一方面，许多务工人员由于教育培训不足，文化程度偏低，职业素质与专业技能与用工单位的要求还存在一定的差距，形成有人无事做，有事无人做的局面。因此，切实加强劳动力技能培训，对于有效帮助劳动力实现转移就业具有十分重要的意义。

加强劳动力的技能培训是人力资源和社会保障部门的重要职责,为提高劳动力的职业技能和就业能力,我们针对实际情况,组织有关专家编写了一套《劳动力转移就业和再就业职业培训教材丛书》,涉及服务类、建筑类、机械加工类、电工电子类等适合劳动力转移就业的 50 多个岗位,对帮助劳动力转移就业有着现实的指导意义。各有关机构要适应形式的发展要求,积极引导广大就业人员参加培训,大力推动我省劳动力转移就业工作上新台阶。

我衷心希望,这套丛书为广大朋友就业和再就业时获得理想的工作和收入提供帮助。

湖北省人力资源和社会保障厅厅长

2009 年 5 月 31 日

目　录

第一篇 家政服务基础知识

第一章 家政服务的一般要求

一、家政服务员的行为规范

家政服务员的行为规范是在工作、生活和学习过程中必须遵守的行为准则;是维护行业形象,整顿行业秩序,提高企业形象、员工素质和工作效率的重要手段,是每一位家政服务员均应必备的基本要求。其内容包括以下几个方面:

(一)家政服务员的基本职责

家政服务有全职服务和钟点服务两种类型,不论是哪一种服务,其基本职责有以下三种,见表1-1。

表1-1 家政服务员的基本职责

基本职责	工作项目	工作要求
操持家务	制作家庭餐	根据雇主的口味拟定菜谱,采购烹饪的原材料,烹饪前加工清洗,按时烹制出一日三餐,用餐完毕及时清理餐具和厨房
	衣服洗涤及熨烫	用手洗或机洗的方法定期洗涤衣物,洗后晾晒和叠放储藏衣物,根据需要熨烫衣物
	家居保洁	定期保洁居室、卫生间、厨房、客厅等场所,定期擦拭厨具、卫生用具、家用电器、家具和其他家居用品
	采购与保管	根据雇主的需要采购日常用品,做好日常用品的保管与储藏

基本职责	工作项目	工作要求
家庭护理	护理孕产妇和新生儿	根据孕产妇的需要制作营养餐,护理孕产妇的日常生活起居,护理孕产妇的身体及帮助其正确用药,护理新生儿
	护理婴幼儿	照料婴幼儿的饮食和起居,对婴幼儿的常见疾病进行护理,辅助婴幼儿的健康成长
	护理老人或病人	照料老人或病人的饮食和起居,帮助老人或病人合理用药及锻炼身体,陪伴老人或病人并维护其心理健康
家务管理	美化家居	养护花草及盆景,布置家庭插花,合理摆放居室物品,进行居室装饰及美化
	看家护院	替雇主看护门庭,迎送客人,做好家庭防火、防盗等防范工作
	饲养宠物	替雇主饲养和管理宠物等

(二)从事家政服务员工作的必备条件

(1)年满16周岁,具有民事行为能力和专业技能的公民。

(2)具有初中文化程度或受过同等学历教育。

(3)具有合法有效的身份证明文件。

(4)身体健康,无传染病、慢性病、腋臭、皮肤病、纹身和精神病史;持有乡镇级以上医院的体检合格证明。

(三)家政服务员的行为准则

(1)遵纪守法。遵守国家各项法律、法规和社会公德;遵守所在家政公司的各项规章制度,维护公司和雇主的合法权益。

(2)远离恶习。忠实于雇主,热忱周到地为雇主家庭服务。禁止打骂或虐待老、幼、病、残、孕人员,远离盗窃、赌博等恶习。

（3）入乡随俗。尽快熟悉和了解雇主家庭成员的生活习惯、饮食口味、个人爱好、起居时间等，不能要求雇主改变其已经形成的生活习惯。

（4）摆正位置。任何时候不要喧宾夺主，雇主家人在谈话、看电视时，要主动回避，给雇主以私人空间；不经许可不要进入雇主卧室，有事先叩门，出去时要轻轻带上门。

（5）真诚待人。不要欺骗公司和雇主，不该说的话不说，不该做的事不做；不能打听雇主家的私事，禁止泄露其隐私。

（6）注意安全。对雇主的贵重物品及不会使用的器具，未经雇主允许严禁使用，确保雇主的财产安全；严禁带亲朋好友在雇主家中食宿或停留；严禁擅自外出，禁止夜不归宿；自己的人身安全及合法权益受到侵害时，要及时与所在的家政公司或当地公安机关联系，不要擅自处理。

（7）洁身自爱。未经雇主同意不要使用雇主家的通讯工具、音响和电脑设备，禁止盗用雇主家电话聊天或打长途电话，更不能把雇主的电话号码泄露给他人；未经雇主同意不能翻阅雇主的东西，更不能使用雇主的专用生活用品和贵重物品。

（8）勤俭节约。主动协助雇主节约水、电、煤气等各种开支；帮雇主采购日常生活用品时，要货比三家；要做好日常开支日记账，不得虚报冒领。

（9）谨慎从事。工作时要小心仔细，若损坏雇主家东西，要主动认错，切不可推诿责任；工作期间若与雇主发生意见分歧，要寻求家政公司或他人帮助。

（10）遵守协议。严格按协议办事，不能自行要求增加工资；禁止无故要求换户或不辞而别；禁止主动或暗示向雇主索取财物，不能向雇主索要赠物和红包；禁止向雇主借钱或物；如果家政服务员与雇主解除劳务关系，在离开雇主家前，要主动打开自己的行李让雇主检查，以示对雇主的尊重。

（四）家政服务员的禁忌

（1）忌自以为是。

（2）忌怕吃苦、懒惰。

（3）忌无尊严。

（4）忌无目标。

（5）忌斤斤计较或贪图小便宜。

（6）忌仪表、仪容不整。

（7）忌和经营者、雇主要小聪明。

（8）忌在受到雇主伤害或与雇主发生矛盾时，不通过家政公司或法律途径解决，而采取报复手段。

（五）家政服务员应正确对待的问题

（1）若患有或曾经患有传染性疾病或慢性疾病要告知雇主和公司。

（2）工作中有差错要及时汇报。如：损坏物品，给孩子服错药，婴儿咽了异物等。

（3）若有异性追求、陌生人纠缠及相关的外界纠纷都应及时向雇主和家政公司反映，以求得到及时帮助。

（4）家中有事或其他原因要求辞工，切忌搞突然袭击，一定要提前一周以上通知雇主和家政公司。

（5）个人的生活用品要自带。

（6）雇主的小孩切不可让陌生人带走。

（7）正确处理好雇主的苛刻行为，若出现雇主有苛刻行为的问题，要积极地与家政公司取得联系，并请家政公司出面予以解决；无论任何人，若有诽谤、殴打、拘禁、跟踪、私拆个人信件等侵犯自己合法权益的行为，应立即通知家政公司或公安机关寻求帮助。

（8）在工作时如雇主要求家政服务员做约定外的服务内容可以拒绝，但应注意方法。

（六）签订服务协议

为了保护家政服务双方的权益，家政服务公司委派家政服务员到客户家中从事家政服务工作前,要与雇主和家政服务员签订三方服务协议。服务协议主要包括工作内容、工作待遇、工作时间、方式和协议有效期等内容。《家政服务协议》附后。

（七）家政服务员的职业道德

（1）遵纪守法,文明礼貌。我国宪法明确规定,遵纪守法是每个公民的基本义务,也是对每个从业人员的最基本要求。遵纪守法就是要遵守国家的宪法和法律、法规,履行一个公民应尽的义务,不违法乱纪,同时还要遵守家政服务行业所制定的法律、制度,遵守社会公德。

（2）守时守信,尽心尽责。家政服务员应遵守服务时间,在约定的时间内尽心尽责、有条不紊地干好各项工作。有的服务员属钟点工性质,一人承担几家雇主的工作,更要科学地安排好时间,保证按承诺的要求完成,不失信于人。

（3）自尊自爱,和蔼热情。在我们社会主义国家,工作没有贵贱之分,只有分工不同,家政服务员与其他行业一样,本质上也是以劳动换取报酬,在人格上与用户是完全平等的。所以,当家政服务员完全不必自卑,应该自尊自爱,热爱这项工作。在与人接触中,应作风稳重、说话得体、热情主动、和蔼可亲。

（4）勤奋踏实,认真负责。一般来说,请家政服务员的雇主,总有自己难以克服的困难,或工作繁忙,无暇顾及家务;或家有老人、病人、幼儿要照顾。所以,家政服务员必须要有高度的责任心,认真踏实地把托付的事情做好。家政服务员每到一家新的雇主,就应尽快了解、熟悉自己的职责,主动、勤奋、踏实、周到、合理安排好自己的份内事,不要遗漏疏忽,不要总让别人提醒。

（5）忠厚老实,宽厚谦让。雇主把家务托付给家政服务员,是信任的表示。家政服务员应不辜负这种信任,珍惜用户的财、物,不挥霍浪费。如不慎损坏了物品,应如实告诉雇主,要以自己的行为来证明自己是一个诚实、值得信赖的人。

（6）好学进取,精益求精。服务工作做得是否出色,既与本人的职业道德水平、工作态度有关,又与本人的业务水平、工作能力有关,因此掌握烹调技术、照顾老人和孩子的技巧、医药知识、家电知识等是十分重要的。社会在发展,人们的生活水平在提高,所以要好学进取,精益求精,不断努力提高工作的质量和效率。

(7)尊重雇主,不参内政。每一个家庭都有自己的生活习惯,家政服务员一定要尊重雇主的生活习惯,对于饮食口味、起居作息时间、房间布置,生活用品的采购或放置,都要按照雇主的习惯和爱好。切不可自作主张,以自己的意愿去安排雇主的生活,否则不会收到好的服务效果。

(8)勤劳节俭,讲求实效。勤劳节俭是中华民族的传统美德,是家政服务员应有的品质。所谓勤劳,就是辛勤劳动,努力提供优质的家庭服务;所谓节俭,就是节制、节省,爱惜财物,反对浪费。家政服务员尽管是在替雇主服务,但同样要替雇主精打细算,节约开支,不该买的物品,一定不要买,不该扔的东西千万不要扔,这样才能赢得雇主的好感。

二、家政服务员的仪容仪表

(一)家政服务员应达到的仪容要求

家政服务员工作的环境是在家庭之中,工作的性质决定了其着装和仪表会影响到家庭中成员的心态和情趣。根据服务礼仪要求,家政服务员必须以整洁文明的仪表、得体大方的着装,并使自己的形象符合家庭服务的要求。

1. 整洁文明的仪表

(1)面部清洁,头发整齐光洁,发型大方,经常梳洗头发,保持整洁。不使用浓烈气味的发乳。

(2)可化淡妆,不要浓妆艳抹。

(3)经常洗澡,修剪指甲,经常更换内衣并注意随时洗手。

(4)穿着整齐,衣服要经常换洗。

2. 得体大方的着装

家政服务员的着装必须外观整洁。任何服装,在正常情况之下,都应当以其外观整洁与否作为评价它的首要指标之一。一个人平日所穿的衣着,即便款式、面料、做工都很平常,但只要它做到了干净、整洁、平整,同样也会为服务对象所接受。相反,即使某人衣着的款式、面料、做工俱佳,只要不够整洁,甚至折痕遍布、肮脏不堪,也必会贻笑于人,被视为懒惰之人。

家政服务员要避免的五种不得体着装:

(1)布满折皱。在穿着正装前,要进行熨烫;暂时将其脱下时,则应认真把它悬挂起来。若是平时对其不熨不烫,脱下之后随手乱丢,使之折痕遍布,皱皱巴巴,必然十分难看。

(2)出现残破。家政服务员的正装如被挂破、扯烂、磨透、烧洞或者纽扣丢失等,极易给人以很坏的印象。在外人眼里,这不但是工作消极,敷衍了事,而且也绝无爱岗敬业、恪尽职守的精神可言。

(3)遍布污渍。家政服务员在工作中难免会使自己身着的正装沾染上一些污渍,例如,油渍、泥渍、汗渍、雨渍、水渍、墨渍、血渍等。这些污渍,往往会给人以不洁之感,有时甚至还会令人产生其他联想。

(4)沾有脏物。与遍布污渍相比,正装上沾有脏物,往往会造成更大的负面影响。

(5)散发异味。当家政服务员需要为他人进行近身服务时,若是浑身上下异味袭人,则会多有妨碍。

(二)家政服务员的体态

优雅的举止不是天生就有的,而是靠在平时的日常生活中一点一滴地培训、积累起来的。只要有意识地锻炼和培养,任何一个人都可以做到。

(1)优美的站姿。站立要求收腹,挺胸,两肩平行,双臂自然下垂、头正、眼睛平视、下巴微收。两脚分开20厘米左右的宽度距离,或者两足并立在一起,但不要太贴近,以站稳为好。女士们可以把两个脚后跟并在一起,双腿微曲。

但在日常生活中,并不是所有的人都能这样站立的。有的人站在那里常常歪斜着身子,或晃动着腿或脚,这些都是带有习惯性的不优雅的站姿。有些人站在那里,总爱在手里捏弄什么东西,像有辫子的姑娘手里总爱抓弄自己的辫子,给人以没有自信或羞怯、胆小、不自然的感觉。

(2)优雅的坐姿。要求头正,上身微微地向前倾斜,双腿轻轻并拢。如果是坐在椅子上,基本上要使身体占据大部分或全部椅子,背要直,双肩自然下垂,双手分开放在膝上。要把两足并在一起,并把两个脚后跟微微提起,这样,不仅姿势好看,而且会给人一种沉稳、大方的感觉。

不正确的坐姿是:有的人坐在椅子上或沙发上时,仅坐一点边儿,给人一种应付差事的感觉;有的人却正是相反的坐法,几乎全身躺在椅子上或沙发里,给人一种懒洋洋的感觉;有的人坐在那里老是抖动腿,或摸头、抓耳、抠鼻子、搓手等,都是些不文雅的坐姿。

(3)体态举止要得体。在家庭服务中常用的点头,要根据情况和对象来灵活掌握。有的是微微点一下头,有的是深深点一下头,有的是点一下,有的是点几下,有的是边走路边点头,有的是边说话边点头,有的是面带微笑点着头,多种多样。又如握手时要自然,面带微笑,目光注视对方,身体稍微向前弯曲,要握得松紧适度,一般说握得稍紧一点表示更友好。在迎来送往的过程中,手势的运用特别重要,要注意把握好分寸,运用得恰到好处。

特别提示:

家政服务员在做家庭工作时,举止要做到“三轻”:即说话轻,走路轻,动作轻。毛手毛脚、风急火燎都是大忌。

第二章 家庭礼貌、礼节、礼仪

我国是一个文明古国,素有"礼仪之邦"之称。讲究文明礼貌,历来是中华民族的优良传统。在今天的家政服务工作中,更应当继承和发扬中华民族文明礼貌的优良传统,做到"用户至上、优质服务"。

一、家政服务员的个人礼仪

(一)服装、仪容和卫生

(1)服装。服装是人们审美的一个重要方面。每天上班前,着装必须符合规范,即与自己的职业、身份、年龄、性别、体型相称,与周围环境协调,讲究和谐的整体效果。要注意整齐、清洁、大方、美观。一般说,服务员可穿套装、连衣裙等,款式简洁、线条流畅,既大方悦目,又便于从事家政服务。同时着装颜色不宜超过三种,不能过分艳丽。款式不宜太短、太露、太低、太紧。

(2)仪容和卫生。家政服务员在外貌上适当修饰是必要的,但要端庄、自然淡雅,绝不能浓妆艳抹,珠光宝气。头发要适时梳理,保持清洁整齐。发型要朴素、大方,如梳马尾辫(有的还可以配稍有反翘的前刘海)、直发式或烫发后加修剪。

面部要注意清洁,并作适当的化妆。以浅妆和淡妆为宜,不能深度化妆和浓妆,否则容易给人造成娇艳、轻佻、华而不实的感觉。化妆时还要避免使用气味浓烈的化妆品。

指甲要经常修剪,不留长指甲,也不涂有色的指甲油,便于从事家庭服务。

佩带金银首饰要有限制,一般宜戴一枚戒指(戴在无名指上表示已婚,戴在中指上表示正谈恋爱),其余均不宜佩戴。

每天要把皮鞋擦净、擦亮。皮鞋最好选用平跟或低跟、无鞋带、无响钉的,如橡胶底的一脚套船鞋。如穿布鞋也应保持洁净。

鞋子如有破损应及时修理。袜子应穿与肤色相近的,袜口应不露在裤子与裙子外边,袜子应无抽丝与小洞。

个人卫生要做到勤洗澡,勤换衣袜,勤漱口。身上不能留有异味。上班前不饮酒,忌吃大蒜、韭菜等有刺激性气味的食物。

(二)举止与言谈

1. 举止

哲学家培根有句名言:"相貌的美高于色泽的美,而秀雅合适的动作美又高于相貌的美,这是美的精华。"优雅的举止能唤起人们视觉的美感,给人以美的享受。举止,是一种"行为语言",它真实地反映了一个人的素质,受教育的程度,是展示个人修养的重要外在形态。端庄文雅、自然大方、恰到好处的举止,能给人以深刻而良好的第一印象,能获得他人的信任与好感,从而帮助一个人走向成功。

规范的举止应是:

(1)坐姿。基本要求是端正、稳重、自然、亲切。具体要领为:入座时,轻而缓,走到座位前面转身,左脚后退半步,女子要用手把裙子向前拢一下,然后轻稳地坐下。坐下后,上身正直,头正目平,嘴巴微闭,脸带微笑,腰背稍靠椅背。

两手摆法:有扶手时,双手轻搭扶手,或一手搭在扶手上,另一手放在腿部。无扶手时,两手相交,或轻握,或呈八字形,置于腿上,或左手放在左腿上,右手搭在左手背上。

两腿摆法:凳高适中时,两腿相靠或稍分,但不能超过肩宽;凳面低时,两腿并拢,自然倾斜于一方;凳面高时,一腿略搁于另一腿上,脚尖向下。

两脚摆法:脚跟、脚尖全靠或一靠一分,也可一前一后(可靠拢也可稍分)或右脚放在左脚外侧。

除上述坐姿外,还有"S"形坐姿:上体与腿同时转向一侧,面向对方,形成一个优美的"S"形坐姿;脚恋式坐姿:两腿膝部交叉,一脚内收与前膝下交叉,两脚一前一后着地,双手稍微交叉于腿上。

起立时,右脚向后收半步,而后站起。离开时,再向前走一步,自然转身退出房间。

无论哪一种坐姿,都要自然放松,面带微笑。但切忌下列几种坐姿:二郎腿坐姿;搁腿坐姿;分腿坐姿;"O"形腿坐姿。坐姿中还特别要忌讳前俯后仰,或抖动腿脚,这是缺乏教养和傲慢的表现。

(2)站姿。基本要求是端正、稳重、自然、亲切,给人舒展俊美、亭亭玉立、精神饱满、信心十足、积极向上的好印象。具体要领有:上身正直,头正目平,面带微笑,肩平挺胸,直腰收腹,两臂自然下垂,两腿相靠直立,肌肉略有收缩感。

通常站姿还有以下几种:侧放式——双手放在腿部两侧,手指稍稍弯曲;前腹式——双手相交放在小腹部;后背式——双手背后轻握。站得太累时,可自行调节,两脚微微分开,将身体重心移向左脚或右脚。但无论哪一种站姿,均忌双手抱胸或叉腰,因为这些动作都是傲慢和懒散的表现。

(3)走姿。基本要求是端庄自然、轻盈敏捷。具体要领是:上身正直不动,两肩相平不摇,两眼平视前方,两臂摆动自然,两腿直而不僵,步幅适中均匀,跨步时两脚间(前脚跟至后脚尖)距离是本人一脚之长;步线(即步位)做到两脚跟交替前进在一条直线上,两脚尖稍稍外展;两脚落地应是先脚跟后前掌,起脚要干净利索,有鲜明的节奏感。不要两脚尖向内或向外歪,成为"内八字"和"外八字"脚。

(4)手势。手势是一种富有表现力的形体语言,它与语言、面部表情配合,可指示方向、表达和丰富感情或突出事物重点。对家政服务员来说,它可以加深用户的印象,帮助用户理解服务的用意。

对手势的基本要求是动作优美、自然,幅度适当,符合规范,使双方都能理解。

具体要领是:当为客人指示方向或介绍某人时,要伸臂,手指自然并拢,手掌向上,以肘关节为轴指示方向或目标,眼睛同时兼顾客人和所指示的方向或目标。切不可用一个指头指示,因为这带有教训别人的意思,而采用手掌心向上,则带有虚心、诚恳的意思。

在和用户及客人交谈或提供服务时,手势不宜过多,幅度不宜过大,否则会使人反感或引起误会。

使用手势要尊重用户与客人的风俗习惯,要使双方都能彼此理解。如使手指弯曲,以几个指尖在桌面上轻轻叩打,是用户或客人对服务员上菜、送茶等表示谢意。又如在中国和日本,招呼别人过来,是伸出手,掌心向下挥动,但在美国,这种手势则是唤狗的。大家熟悉的"V"形手势是表示胜利,但需掌心向外,若你不慎将手背向外,那么在英国人的眼中是伤风败俗的。

2. 言谈

言谈能反映出人的思维能力、文化素养、道德品质等诸多的内在素质。善于使用语言与他人沟通,是取得成功的前提。

规范的言谈应是:

(1)要讲究声音的可闻度。嗓音尽可能甜润、清脆,以增加语言的感染力和吸引力;音量要适中,使对方能听清楚即可,切忌大声说话,语惊四座;语速应适中,避免连珠炮式说话。

(2)意思表达要清楚。说话力求完整、准确、贴切,注意选择词句。

(3)表情要自然、亲切。与人交往时要面带微笑,目视对方眼鼻三角区,以示尊重,有礼貌。

(4)与人说话或交谈时距离要适当。正常的距离约1米,不要把呼出的气或唾沫溅喷到客人脸上。话说完毕,后退一步自然离去。

(5)要正确运用称呼。男士不论年龄大小与婚否,可统称为先生;女子的称呼根据婚姻状况而定,对已婚女子称"夫人"或"太太",对未婚女子称"小姐"。对婚姻状况不明的女子,可统称"小姐"或"女士"。

(6)正常使用的问候语。按每天不同的时刻使用问候语,如

"您早"、"您好"、"早上好"、"下午好"、"晚上好",等等。

(7)要习惯使用"十字"礼貌用语。"您好"、"再见"、"对不起"、"请"、"谢谢"。这是体现语言文明的基本形式。

(三)表情与态度

1. 表情

构成表情的主要因素,一是目光,二是笑容。对表情的基本要求应是:目光亲切、和蔼。交谈时,目光应注视对方双眼到嘴唇之间的三角区域。面露微笑,这微笑应该是一种发自内心的真诚、自然、亲切的微笑,并且是略带微笑,不出声的笑。要做到这一点,首先来自服务员敬业、乐业的思想与感情,同时应加强心理素质的锻炼,增强自控力,避免不良情绪外露。必要时,也可默念英语单词"G"或普通话"钱"字,因为念"G"或"钱"时的口型,正好与微笑时的口型相合。

2. 态度

态度和蔼的真诚服务,能使用户产生亲切感、温暖感、诚实感、信任感、留恋感。对态度的基本要求应是:主动、热情、耐心、周到。主动,即服务工作做在用户没有开口之前,时时处处自觉为用户服务,做到主动问候,主动服务,主动征求意见。热情,即对待用户与客人如同对待自己亲友一样,笑口常开、语言亲切、处处关心,使用户感到亲切温暖。耐心,即要有"忍耐性"与"忍让性",在服务繁忙时,不急躁,不厌烦,遇到用户不礼貌时,不争辩,不吵架,保持冷静、婉转解释,得理让人。周到,即服务工作面面俱到,细致入微,善于从用户的表情和神态变化中,了解用户的意图,灵活应变,想用户所想,急用户所急,处处体贴方便用户,千方百计帮助用户排忧解难。

二、日常交际礼仪

(一)迎送礼仪

迎送客人是交往中最常见的礼仪活动,规范的迎送礼仪应是:

1. 迎客

迎接客人事先要有准备。对事先有约定的,在客人来访之前,要一一备齐必需物品,如茶杯、茶水、毛巾、烟缸,需要时还应准备好水果、点心和饭菜;对事先没约定的来客,也应按照习惯礼节有条不紊地做好接待服务,并根据用户意图准备点心和饭菜,要避免慌张和手脚忙乱,更忌埋怨或消极服务。

对来访客人,无论职位高低、是否熟悉,都应热情周到,亲切招呼。如客人手提重物,应主动相助。引领客人入室时,应一面用正确的手势示意,一面说:"请",此时站位一般应在客人左前方2～3米处。转弯或上台阶时,要回头向客人示意。如接待现场有其他客人,主人又不在,可适当作些介绍,以表现出友好气氛。如果突然有客来访,还应尽快整理好居室,以给来客一种整洁和轻松的氛围。要注意礼节,客人到达,应邀客人上座(一般以右为上),并送上茶水。茶水要求浓度适中、量度适宜,通常说"浅茶满酒",就是要求茶水不要倒满杯。端茶时,应用双手,一手托杯底,一手把杯柄,不可用手指捏住杯口,因为这样显得不卫生、不礼貌。交谈中,还应及时为客人续茶。

2. 送客

客人表示要走时,一定要等客人先起身,自己方可起身相送。送客应走在客人后面,送客到门口或楼梯口,然后握手道别;同时,要目送客人远去,如果客人回首招手,应举手示意或点头,直到客人不回头或见不到身影方可离去。如果送至电梯,则要为客人按下楼电钮,直等电梯来到,一手按住梯门,一手示意请进,客人进梯后,应说:"再见!"待关上梯门后再离去。

(二)走廊、电梯礼仪

在走廊或过道上,对迎面而来的他人或客人,应主动让道,很自然地站立一旁,请他们先行,并微笑点头问候。如同向行走不得超越,如有急事,要打招呼"对不起,我能否先走一步?"待用户和客人示意后,侧身快步通过。如看到客人迷路或寻物,要主动上前问候和引导："小姐／先生,请问找谁?"

与他人或客人同乘电梯时,服务员应先主动按动电梯控制钮,等候电梯的到来;然后,一手按住电梯门,一手示意请客人先进入,自己尾随而入;进入电梯,应立即按动楼层按钮并告知客人,之后,主动让在一边;电梯到达指定楼层后,应告诉客人,并请客人先出电梯。如电梯内有较多客人,而自己站在靠近电梯门口的位置时,可以先走出电梯,并等在电梯外让客人先走。

(三)电话礼仪

对打电话的基本要求是正确、迅速、简洁、谦恭,同时要求声音清晰,声调柔和、亲切(必要时要用微笑的声调来通话),音量适中。规范的打电话应该是:

1. 接听电话

(1)最好不要让电话铃声响过3次,便拿起电话接听。

(2)接听时应说:"您好,请讲。"

(3)如铃响3次后,应说:"对不起,让您久等了,请问,您找哪一位?"

(4)接听后,如自己不是受话人,应负起传呼的责任,说声"请稍等",然后尽快找到受话人。

(5)如要找的人不在,应说:"请问,是否要转告或留言?"如要转告,需记录下要点,并复诵一遍。或者向对方告知受话人在家时间,请对方再来电。

(6)如对方打错电话,绝不能不高兴地说"打错了",便"啪塌"一下挂断,而应该说"小姐／先生,您拨错了,我们家的电话是××
×",以让对方知道确实拨错了。如对方表示道歉,可以再说声:
"没关系。"然后,轻轻挂断电话。

(7)通话结束时,应说"再见"。待对方挂断电话之后,再轻轻放置电话筒。

2. 外打电话

(1)选择适当通话时间。在上班10分钟后,或下班10分钟前通话为宜,并事先准备好内容。

(2)熟记或查清号码。正确拨号,如无人接听,应耐心待铃响6~7次再挂断,因为如对方当时不在电话机旁,待听到铃声匆匆赶过来,电话却已挂断,这也是失礼的。

(3)接通电话后应说:"您好,我是×××,请问,可以请×××听电话吗?"如要找的人正好在电话机附近,对方会说:"请稍等。"你应说:"谢谢。"如要找的人当时不在电话机旁,你应该说:"能否麻烦您帮助找一下?谢谢。"如果对方一时脱不开身,你应说:"如果×××回来,请您告诉他,我过一会儿再打电话来,我的名字叫×××。"如果要找的人外出,经确认对方尊姓后,你可说:"对不起,×小姐/先生,能否麻烦您给我留言?"如对方同意,可把简洁留言告诉对方,或报上自己的姓名和电话号码,请对方回来后回电,并致谢。

(4)遇上电话突然中断,应主动重拨电话。

(5)通话结束,说声"再见"或"谢谢",再轻轻地将电话挂断。

(四)花卉礼仪

鲜花常作为友谊、幸福、爱情与和平的象征。家庭厅室的花木布置,是一种礼遇规格,是对客人欢迎和尊敬的一种表示。平时,人际交往更是少不了以鲜花作为礼物。送花,摆花、插花等均有不同的礼节与要求。

1. 国外送花礼节

(1)白色的花,在国外一般代表礼花,无论婚丧均可赠送,但遇喜事要用红绸带,丧事用白绸带。

(2)结婚:选配各种颜色均可,最好百年红,或者送有玫瑰花、长青藤等组成的花篮、花束。

(3)生日:各色均可,最好是万寿花或玫瑰花,花篮、花束均可。

(4)迎宾献花:是一种示敬礼节,必须用鲜花,要整洁鲜艳。忌用菊花、杜鹃花、石竹花、黄色花朵。有的国家,如印度,习惯送花环;而有的国家习惯送一两枝名贵兰花或玫瑰。

2. 国内送花礼节

中国十大名花为:傲霜斗雪的梅花(象征坚贞不屈)、国色天香的牡丹(象征繁荣富贵)、千姿百态的菊花(象征高雅纯洁)、天下第一香的兰花(寓意正气长存)、"花中皇后"的月季(香味月季象征甜蜜的爱情永不衰,黄月季象征胜利,红月季象征幸福持久)、"花中西施"的杜鹃(寓意前程万里)、富丽堂皇的茶花(象征美丽或战斗英雄)、"出污泥而不染"的荷花(象征纯洁无邪)、"十里飘香"的桂花(象征芳香、雅洁、光荣。向恋人赠桂花,表示诚挚地爱你)、"凌波仙子"的水仙(象征吉祥如意)。

送花应按不同季节选择鲜花。梅花是报春的使者,荷花为夏天的情侣,菊花为秋之娇客,水仙是冬的仙女。

送花束的枝数很有讲究。"11"枝的寓意是"一心一意","12"枝的寓意是"一年十二个月无时不在祝福"。

红玫瑰象征爱情、热情、优美,是赠送给恋人的理想花卉,也是西方情人节的信物。

康乃馨象征祝福、感激,被视为"母亲花",用于敬献给母亲,以表达对慈母辛勤哺育的感激之情。近年来,在教师节,也有许多学生敬献一枝红色康乃馨,表示对老师辛勤培育之恩的尊崇。

结婚:可选用玫瑰、百合花(象征百年好合)、马蒂莲(象征恩爱如初,幸福长存)、红色郁金香(爱的表示)等。至于新娘披纱时所用的捧花,还可适当加入一两枝满天星,会更显得华丽脱俗。

生日:年轻的可选送火红的石榴花、大红的月季花、美丽的象牙花。这些花象征着火红年华、前程似锦。也有赠送玫瑰与康乃馨的,表示祝福、热情、美好。但对长辈,应送长寿花、寿星茸、百合花、报春花等寄寓健康长寿、幸福快乐含义的花卉。

慰问病人:送些鲜花是非常得体的,能使病人精神愉快、心情舒畅。可选用以下几种:玫瑰象征优美,红罂粟象征安慰,黄月季以示早日康复,芝兰象征正气长远、贵体早康,也可选送一束松、柏、梅花,鼓励病人与病魔作斗争。

　　迎送亲友客人:一般送紫藤花。这种花表示热情好客,夜夜含苞、朝朝开放。还有剑兰,也被视为迎宾花,用于迎客庆典。

　　葬礼:宜用白色和紫色的菊花。清明扫墓,为寄托哀思可送上一枝白色或红色的康乃馨。

　　平时看望长辈:送长春花,表示健康长寿;送水仙,表示吉祥如意;送兰花,表示正气长存;送桃花,表示长寿幸福。

第三章　生活习俗知识

一、日常生活习俗

我国地域辽阔，人们生活在不同的地区，多年来形成许多各具特色的生活习俗，这些生活习俗对人们的生活有着重要的影响。作为家政服务员，我们在为他人提供服务的时候，要特别注意遵守当地的生活习俗。

（一）吃饭的习俗

（1）吃饭前的准备：我国人民对吃饭是非常讲究的，不同时期的人有不同的讲究，不同地方的人也有不同的习俗。例如文革期间，人们在吃饭前要先背诵一段毛主席语录才能开餐。现在虽然没有人在饭前背诵语录了，但有一些地方的人在饭前要烧香磕头后才能进餐。

（2）吃饭的地点：吃饭的地点也是有讲究的，过去人们一日三餐常年在家中解决，现在很多城市里的人已经较少在家中吃饭，在酒楼饭店进餐反倒成了家常便饭。过去很少有家政服务员与主人一同进餐，而现在家政服务员地位提高了，与雇主家人同桌进餐已经相当普遍。

（3）吃食的种类：人们所吃的食物范围也在扩大，过去人们都说广东人吃得"广"，无论是天上飞的还是地上跑的都敢吃。现在随着人们交流的扩大，我国各地的人也都开始品尝新的食物。人们开始越来越讲究营养，懂得营养配餐的服务员开始走俏。人们对于办各种喜庆酒席所用食物名称的谐音很有讲究。如有鱼即"有余"，发菜即"发财"，腐竹即"富足"等等，这些都带有吉祥之意，故成为逢年过节、喜庆筵席的必备之菜。春节的年夜饭，除了必有上述菜肴外，还要有生菜、芹菜等，取"生财"、"勤财"之意。婚嫁喜事，还必须备有百合、花生、莲子、枣子等，取"百年好合"、

"早生贵子"之意。

（二）日常生活宜与忌

有些地方的人对日历颇有讲究,无论是搬迁、开业、庆典等重大活动,还是出门、宴客、访友等日常活动,都要事先看好日历,择吉日而动,而对于"诸事不宜"的日子则避免一切活动。例如每逢宜"动土"的日子,很多人会选择开工奠基。出门远行的人会选择宜"出门"的日子,而企业或个体户开业一般会选择"9.18"、"11.18"等日子。

在日常生活中,对一些被认为不吉利的行为现象有许多禁忌:

（1）"过年"开油锅,炸油糕、蒸年糕,最忌炸糊了,或蒸了夹生糕,认为这样预兆明年运气不佳。

（2）大年初一不能扫地,以免将财气扫出。

喜庆节日,喜筵寿宴,习惯只谈吉利话,不说丧气话。若孩子偶然说了一些不吉利之话,大人就会责怪孩子。以免得罪鬼神,招致晦气。

（3）吃饭时筷子掉地,或有人失手打破碗碟,被视为不吉利。这时要念声"快乐"（筷落）,或"落地开花,富贵荣华"的吉利语。

（4）忌用筷子敲击碗碟,这是乞丐讨吃的手法。也忌将筷子竖插在盛了饭的碗上,这是祭死人的方式。

（5）住房内摆放睡床忌正对横梁,认为横梁压顶预凶。

（6）探病时间要在上午,忌在下午或晚上,以避"日落西山"之讳。

以上所列举的仅是少数实例,其实在我们从事家政服务的过程中忌讳是因人而异的,有的雇主大大咧咧,几乎没有什么忌讳,而有的雇主处处讲究,忌讳颇多。我们在与人打交道的过程中要留意观察。

二、日常往来习俗

（一）惯用礼节

人们在日常交往中,很多惯用礼节是用肢体来表达的。例如,双方在远距离打招呼时用摇手示意,近距离打招呼时握手。表示感谢或肯定的时候,人们一般用点头示意,并不需要说出任何语言。而表示不赞成或否定的时候,则摇头示意。长辈对小辈表示欣赏时可以摸其头,而同辈人表示欣赏时常拍肩膀。

还有一个很独特的礼节习惯,就是叩手指。不论在茶楼酒店,当客人上门时,如果你给对方斟茶或酒时,他们立即会对你行一个叩手指礼。这种叩手指礼习俗,据说是从叩头礼演化而来的。中国封建社会等级森严,为臣者要给君皇叩头,为子者要给父母长辈叩头,奴仆要给雇主叩头。但现在的叩手指礼则表示一种尊敬、诚意,既方便又实用。这一礼节习俗最先流行于广州、港澳一带,后来扩大到全国各地。

(二)送礼宜忌

大年大节,亲友宜以节令食品互送以表祝福,联络感情。如春节送水果、糕点等年货,端午节送粽子,中秋节送月饼等。

但送礼也有禁忌:

一忌送钟。亲友乔迁新居或店铺开业送礼致贺者忌送时钟,因为送钟与"送终"音近,要避讳。

二忌送梨。探病或看望上年纪的人,忌送梨。因梨与"离"同音,不吉利。

三忌送"四"。无论送什么礼物,数目不要是"四"。因为四与"死"谐音,听起来不祥。

四忌过时送礼。无论喜事或丧事,送礼切忌过了应该送去的时刻。如属喜事,可以事前或当天送去;如属丧事,则在当天送去。如果忘了,那就索性不送好了。

三、待 客 习 俗

客人来访时,雇主不能拿起扫帚扫地,这意味着讨厌客人,下逐客令。

请客用饭时,桌上摆筷子不可将一双筷子分摆碗两边,这意味着"快分开"。用餐时,筷子取菜不能拿不定主意在各道菜上边游移,这样会让人觉得无诚意。

请客喝酒,有先宾后主、先老后少之序。杯应斟满,俗语云:"酒满敬人,茶满欺人。"敬人劝人喝酒,北方人一般习惯"劝酒",讲究"一醉方休",表示接待到位。而南方人喝酒讲究"随意",故一般不强令干杯。请人喝茶,也应先老后少,斟茶杯满八分即可,不要斟满。

四、时节习俗

世界上各个国家和民族都有许多相同或不同的节日与风俗。无论什么风俗和节日,都是一定的历史文化传统的体现,都具有这样或那样的礼仪色彩。了解这些风俗与节日的文化历史背景,明白其礼仪要求,是家政服务员在用户家中"入乡随俗"的需要。

(一)中国民间节日与风俗

在我国,每年的春节、元宵节、清明节、端午节、中秋节、重阳节和冬至等节日,被赋予特别的内涵,人们格外重视。人们在这些节日中,通过各种喜庆娱乐的形式欢度节日,同时寄托对今后生活的美好愿望。

1. 春节的风俗

春节是我国的传统节日,又称为过年,是老百姓一年中最讲究的节日。人们在春节来临之前就忙于备年货,在春节期间,家家户户张灯结彩,人们贴春联、包饺子、打年糕、吃年夜饭,各商店都在门口贴上一对新春联,内容都是吉祥喜庆语,一派节日热闹的气氛。

从腊月初八开始,腊八粥的香味,最先使过年的气氛在家家户户呈现出来。腊八粥的配制特别丰富:红枣、栗子、花生、芝麻、核桃仁、松子、杏仁、杂豆瓣及五颜六色的各样果脯,远远不止八种。亲朋好友之间,还有互相馈赠腊八粥的习俗。

腊月二十三,又称"小年儿",是民间祭灶的日子,家家户户都郑重其事地举行祭灶仪式。据民间传说,每年腊月二十三,灶王爷要升天向玉皇大帝禀报这家人一年的善恶,供玉皇据以赏罚,于是,百姓们供上红烛、糖果,企望灶王爷"上天言好事,下界降吉祥"。据说七天以后大年三十晚上,他还要与众神同来人间过年,届时各家则举行"接神"、"接灶"仪式。

腊月二十四,为"扫房日",此后家家户户焕然一新,各店铺、百姓人家,新贴的春联鲜艳夺目,显示着家富人宁,红红火火的盛景。

新春期间,家家户户室内都摆着争妍斗艳的鲜花。鲜花象征生活美满、吉祥,既美化居室又陶冶性情。迎春花市成了春节的重要内容。

每逢新春佳节,家家户户都要在屋门上、墙壁上、门楣上贴上大大小小的"福"字。春节贴"福"字,是我国民间由来已久的风俗。

"福"字现在的解释是"幸福",而在过去则指"福气"、"福运"。春节贴"福"字,无论是现在还是过去,都寄托了人们对幸福生活的向往,也是对美好未来的祝愿。民间为了更充分地体现这种向往和祝愿,干脆将"福"字倒过来贴,表示"福气已到",春节前人们就在门脸上贴上"福"字,路人一念"福倒了",也就是"福到了"。

民间还有将"福"字精描细做成各种图案的,图案有寿星、寿桃、鲤鱼跳龙门、五谷丰登、龙凤呈祥等。过去民间有"腊月二十四,家家写大字"的说法,"福"字以前多为手写,现在一般为电脑排版印刷,市场、商店中均有出售。

除夕这天,祭祖、接神、接灶、好不热闹。大家已不再劳作,游子们千里迢迢,也要赶回来,合家欢聚一堂。北方人包水饺,南方人做年糕。水饺形似"元宝",年糕音似"年高",取其吉祥如意的好征兆。除夕通宵灯火齐明,人们辞岁守岁,尽情娱乐。当新年的钟声敲响时,四面八方鞭炮齐鸣,欢庆活动进入高潮。初一一大早,热热闹闹的拜年便拉开了序幕。整个过年的习俗通常要持续到元宵节。

2. 元宵节的风俗

元宵节是春节后的第一个传统节日,也是整个新年活动的尾声,大部分地区的习俗是差不多的,但各地也还是有自己的特点。

正月十五吃元宵的习俗,在我国由来已久。宋代,民间即流行一种元宵节吃的新奇食品。这种食品,最早叫"浮元子",后称为"元宵"。元宵的做法各地也各不相同,主要有"包"和"滚"两种。南方一般采用"包"的办法制作,即以白糖、玫瑰、芝麻、豆沙、黄桂、核桃仁、果仁、枣泥等为馅,用糯米粉包成圆形,而北方的元宵不是包的,是在糯米粉中滚成圆形的。元宵可荤可素,风味各异,可汤煮、油炸、蒸食,有团圆美满之意。

元宵节的另一个习俗是观灯,这一天在很多地方都会在公园中组织元宵灯会,人们制作了大量的花灯拿出来参展,人们扶老携幼去观赏灯会,整个场面热闹非凡。还有些地方的元宵灯会别具特色,人们将灯会搬到了水上,游人坐在船上观赏,更增加了节日的魅力。

3. 清明节的风俗

清明节的习俗是丰富有趣的,除了讲究禁火、扫墓,还有踏青、荡秋千、打马球、插柳等一系列风俗体育活动。相传这是因为清明节要寒食禁火,为了防止寒食冷餐伤身,所以大家来参加一些体育活动,以锻炼身体。因此,这个节日中既有祭扫祖坟的活动,又有踏青游玩的欢笑声,是一个富有特色的节日。

祭祖,是清明节的主要活动,这一天,人们要全家老少会聚在一起,去祭扫祖坟,所以这一天各地通往墓园的道路上车水马龙,各种祭祀用品十分热销,人们用各种形式表达着对先人的怀念之情。很多地方还在这一天组织学生到烈士陵园等场所去扫墓,进行爱国主义教育。

此外,三月清明,春回大地,自然界到处呈现一派生机勃勃的景象,正是郊游的大好时光。我国民间长期保持着清明踏青的习惯。清明前后,春阳照临,春雨飞洒,种植树苗成活率高、成长快。因此,自古以来,我国就有清明植树的习惯。有人还把清明节叫做"植树节"。植树风俗一直流传至今。

4. 端午节的风俗

农历五月初五是端午节,人们在这个节日中主要有两种活动:一是龙舟竞渡;二是包粽子。龙舟竞渡,是端午节的主要习俗。相传古时楚国人因舍不得贤臣屈原投江死去,许多人划船追赶拯救。他们争先恐后,追至洞庭湖时不见踪迹。之后每年农历五月五日划龙舟以纪念之。现在,我国许多地区都会在端午节举行赛龙舟活动,成为一项人们喜爱的群众性体育活动。

端午节吃粽子,这是中国人民的又一传统习俗,其由来已久,花样繁多。一直到今天,每年农历五月初五,中国百姓家家都要浸糯米、洗粽叶、包粽子,其花色品种更为繁多。从馅料看,北方多包小枣的枣粽;南方则有豆沙、鲜肉、火腿、蛋黄等多种馅料。吃粽子的风俗,千百年来,在中国盛行不衰,而且流传到朝鲜、日本及东南亚诸国。

此外,端午节也是自古相传的"卫生节",人们在这一天打扫庭院,挂艾枝,悬菖蒲,洒雄黄水,饮雄黄酒,激浊除腐,杀菌防病。这些活动也反映了中华民族的优良传统。端午节上山采药,则是我国各民族共同的习俗。

5. 中秋节的风俗

中秋佳节,人们最主要的活动是赏月和吃月饼。

月饼最初是在家庭制作的,现在的月饼则由专业的饭店来制作,越来越精细,馅料考究,外形美观,在月饼的外面还印有各种精美的图案,如"嫦娥奔月"等。以月之圆兆人之团圆,以饼之圆兆人之常生,用月饼寄托思念故乡、思念亲人之情,祈盼丰收、幸福,都成为天下人们的心愿。月饼也被装在豪华的盒中用来当作礼品送亲赠友,联络感情。中秋节是月圆之日,这一天晚上,如果天气晴好,则一轮圆月高悬天空,人们举家团圆在一起,一边品尝月饼一边赏月，享受天伦之乐。

6. 重阳节的风俗

金秋送爽，丹桂飘香，农历九月初九是重阳佳节，也是我国人民的敬老节。

这一天的活动丰富，情趣盎然，各地政府和老年人组织都会开展各种活动，有登高、赏菊、喝菊花酒、吃重阳糕等。最具特色的活动是登高，这一天老年人纷纷走出家门，参加各类登山活动。没有山的地方，人们因地制宜开展登楼、登塔等登高活动，同样达到了健身娱乐的效果，受到了老年人的欢迎。

此外，重阳节正是菊花盛开的时节，很多地方都会举行菊花展会，引来大批游人参观。

7. 冬至的风俗

冬至经过数千年发展，形成了独特的节令食文化。诸如饺子、馄饨、汤圆、赤豆粥、黍米糕等都可作为节令食品。

较为普遍的习俗是北方人吃饺子，南方人吃馄饨。据说，北方人在这一天如果不吃饺子会被冻掉耳朵，所以家家户户在这一天都要包饺子。而南方人大都在冬至吃馄饨，开始是为了祭祀祖先，后逐渐盛行开来，民间有"冬至馄饨夏至面"之说。馄饨发展至今，更成为名号繁多、制作各异、鲜香味美、遍布全国各地、深受人们喜爱的著名小吃。

吃汤圆也是冬至的传统习俗，在江南尤为盛行。民间有"吃了汤圆大一岁"之说。冬至汤圆可以用来祭祖，也可用于互赠亲朋。

北方还有不少地方，在冬至这一天有吃狗肉和羊肉的习俗，因为冬至过后天气进入最冷的时期，中医认为羊肉、狗肉都有壮阳补体之功效，民间至今有冬至进补的习俗。

（二）外国重要节日与风俗

1. 圣诞节

每年12月25日为圣诞节。顾名思义，就是基督教徒纪念耶稣基督诞生的日子。该天原为基督教徒的宗教节日，后来随着基督教的传播,圣诞节传到世界各地。在欧美、大洋洲等国,圣诞节不仅是宗教节日,也是民间的重大节日。每逢节日来临,家家置办圣诞树、做圣诞食品、点圣诞蜡烛、烧圣诞柴、唱圣诞歌。已婚子女均从各地赶来与父母团聚,全家欢乐异常。没有子女的老人则到亲友家聚会。节日前夕,还有扮演白胡子穿红袍的圣诞老人给孩子们分送礼物,以及亲朋好友之间互赠圣诞贺片等习俗。

2. 开斋节

伊斯兰教历的 10 月 1 日为开斋节。这是全世界穆斯林的盛大节日之一。每年开斋节非常隆重,一般放假 3 天。节日第一天清晨,男女老少打扮得整整齐齐,去清真寺做礼拜。节日期间,人们探亲访友,相互道贺和举行庆祝活动。

(三)外国日常习俗

1. 节日习俗

外国的日常习俗主要是体现在节日的庆祝形式方面。

(1)日本。除夕晚上,在日本全家团聚守岁。子夜,各寺庙钟声齐鸣,共响 108 下,据说可以消除 108 个魔鬼。钟响过后,新年便来临了。元旦这天,上午有的去寺庙烧香拜佛;下午,全家人去各处拜年。新年期间,常以龙虾作为装饰品,他们认为,龙虾长须、弯腰驼背像个老人,象征延年益寿、长命百岁。

(2)意大利。除夕之夜,意大利人燃放爆竹和烟火,欢乐无比。午夜时分,家家户户将屋里一些可打碎的坛坛罐罐、瓶子、花盆摔个粉碎。这是意大利人摔摔打打辞旧岁、迎新年的传统方式。

(3)法国。法国人有除夕不留剩酒的习俗,新年来到之前,一定要将家中的酒喝完。否则,来年就要交厄运。因此,许多人在除夕之夜,经常喝得酩酊大醉。

(4)德国。德国人在元旦清晨,以村镇为单位,由参赛者奋力攀登高达 10 米、只留主干的大树,看谁攀登得快。第一个爬到树顶的人就被称为"新年英雄",光荣无比。

2. 禁忌习俗

(1)欧美一些国家十分厌恶"13"这个数字,在任何场合都要避开它。宴会不能13个人同桌、也不能有13道菜。宴会厅(餐厅)餐桌紧接12号的是14号。门牌、楼层以及各种编号,也不能用"13"这个数字,每月的13号有许多人会感到十分不安。

(2)西方人还认为星期五也是不吉利的。如果这天是13日,又碰巧是星期五的话,有些人则会惶惶不可终日,好像有什么灾难很快要临头一样。他们对"3"字也是忌讳的。传说1899年英荷战争时,有个战士用火柴给第三个战士点烟时,中了敌人的冷枪送了命,从此人们便忌讳"3"字。虽说这不科学,但它在西方人中形成了一种忌讳习俗。所以,一般遇上点烟场面,都是在点了第二根烟后,把火熄灭了,重新打火再给第三个吸烟者点上。

(3)日本人很忌讳"4"和"9"两个数字。因为日语发音中"4"的发音同"死"相近,"9"的发音同"苦"相似。如日本医院一般无"4楼"或"4号"病房、有的影剧院无"4排"、"4号";宴请上菜的数量、送礼时的礼品,也都要避免这两个数字。

(4)东南亚国家的华人对"4"字也很忌讳,因为"4"字与死谐音。凡有华人居住的地方,"14"这个数字也很忌讳,因为"14"与"失事"谐音。

(5)泰国人忌用手摸头顶,认为头顶对人来讲是至高无上的;如用手触摸泰国人头部,则被认为是一种极大的侮辱,如用手打了小孩的头则被认为一定会生病。

(6)东南亚如马来西亚及印度尼西亚等一些信奉伊斯兰教的国家,教徒忌吃猪肉,不用猪皮、猪鬃做的用品。

(7)美国人忌食动物的五脏。德国人忌食核桃。

第四章 法律常识

现代社会是一个法治的社会,随着经济发展和社会进步,法制体系正在不断趋于健全和完善,并向社会生活领域的各个方面渗透。法律作为调整人们在社会生活中各种社会关系的行为规范,在推动社会主义精神文明建设方面,正日益发挥着重要作用。可以说,我们每个人的生老病死、衣食住行都同法紧密相连。而家政服务员作为当前方兴未艾的一个特殊群体,其职业特点更是与社会生活和家庭生活息息相关。因此,家政服务员要做好自己的工作,就必须学习和掌握基本法律常识,并正确运用法律来自觉维护和行使自己的合法权利。

一、妇女权益保障法常识

(一)什么是妇女权益保障法

《中华人民共和国妇女权益保障法》是 1992 年 4 月 3 日第七届全国人民代表大会第三次会议通过的我国第一部专门以保障妇女权益,实现男女平等为宗旨的基本法。这部法的制定,一是保障妇女的合法权益,促进男女平等,充分发挥妇女在社会主义现代化建设中的作用;二是落实《中华人民共和国宪法》原则,完善社会主义法制,保障妇女权益的需要;三是我国履行国际条约义务,体现社会主义制度优越性的需要。

(二)妇女权益的特殊保护

新中国成立以来,我国妇女的法律地位同过去相比有了全面的提高,妇女在社会主义现代化建设中发挥了重大作用。但是,社会现实状况与我国宪法和法律的要求还存在一定距离,妇女权益受侵害现象还时有发生,男女从法律上的平等到实际生活中的完全平等还需要一个相当长的历史过程,在这个过程中,《中华人民共和国妇女权益保障法》就是一部专门保障妇女行使各项权利的法律,这部法律对妇女权益作了特殊保护的规定。

1. 政治权利

《中华人民共和国妇女权益保障法》规定:妇女享有与男子平等的政治权利,即与男子平等享有宪法规定的选举权和被选举权,及通过各种途径和形式管理国家事务、管理经济和文化事业、管理社会事务的权利。为了保障妇女切实享有平等政治权利,《妇女权益保障法》规定了在各级人民代表大会中提高妇女代表比例;国家积极培养和选拔女干部;各级妇女组织和社会团体积极推荐妇女干部等,都是对妇女政治权利的特殊保护规定。

2. 文化教育权利

国家保障妇女享有与男子平等的文化教育权利,包括入学、升学、毕业分配,授予学位、派出留学等方面;并保障妇女从事科学、技术、文学、艺术和其他文化活动,享有与男子同等权利。除此之外,《中华人民共和国妇女权益保障法》还规定学校应当根据女学生特点进行心理、生理、卫生、保健教育,提供必要的卫生保健设施;各级政府应当支持劳动、人事、教育等部门和社会团体,兴办适合妇女特点的职业教育事业;各单位应当有计划地对女职工进行上岗、在岗、转岗的职业教育和技能培训,以提高女职工的素质。

3. 劳动权利

国家保障妇女享有与男子平等的劳动权利,并保障妇女在分配住房、享受福利待遇、晋职晋级、评定专业技术职务,同工同酬等方面与男子享有同等权利。此外,妇女在劳动安全、劳动卫生等方面享有特殊保护,这些特殊权益的保护通过《中华人民共和国妇女权益保障法及实施办法》、《中华人民共和国母婴保健法》、《中华人民共和国劳动法》、《女职工劳动保护规定》等法律、法规作了具体详尽的规定,妇女的劳动权益得到了充分的保障。

4. 财产权利

国家保障妇女享有与男子平等的财产权利,包括在婚姻、家庭共有财产关系中的权益,以及在财产继承中的平等继承权利等。

另外,《中华人民共和国妇女权益保障法》规定丧偶妇女对公婆尽了主要赡养义务的,可作为第一顺序法定继承人,而且其继承权不受子女代位继承的影响,对妇女财产权利作了特别保护规定。

5. 人身权利

国家保障妇女享有与男子平等的人身权利,即享有完全的人格权和身份权。除此之外,《中华人民共和国妇女权益保障法》还对妇女人身权作了特别保护规定:禁止非法剥夺或限制妇女人身自由;禁止非法搜查妇女的身体;禁止溺弃、残害女婴;禁止虐待、遗弃老年妇女;禁止拐卖、绑架妇女;禁止卖淫、嫖娼;禁止用侮辱、诽谤、宣扬隐私等方式损害妇女的名誉和人格等等。这些特别保护规定对妇女人身权利的实现提供了强有力的保障。

6. 婚姻权利

国家保障妇女享有与男子平等的婚姻家庭权利和婚姻自主权。此外,《中华人民共和国妇女权益保障法》规定妇女按照计划生育的要求中止妊娠的,在手术后6个月内,男方不得提出离婚(女方提出的除外);离婚时在财产分割、住房分配、子女抚养等方面适当照顾女方和子女权益原则;妇女有按照国家有关规定生育子女的权利,也有不生育的自由等等。这些特别规定保障了妇女的婚姻家庭权益。

(三)妇女权益的保障与实现

1. 妇女权益的保障首先是法律上的保障

《中华人民共和国妇女权益保障法》在对妇女权益作出特别保护规定的同时,还对妇女权益的实现作了保障性的法律规定:对有关侵害妇女权益的申诉、控告、检举,有关部门必须查清事实,负责处理,任何组织或个人不得压制或打击报复;国家机关、社会团体和企事业单位应当执行国家有关规定,保障妇女从事科学、技术、文学、艺术和其他文化活动享有平等权利,为年老、疾病或丧失劳动能力的妇女获得物质帮助创造条件;妇女的合法权益受到侵害时,被侵害人可以采用向妇女组织投诉、要求有关部门处理、依法提起诉讼等方式获得法律规定的保障。

2. 妇女权益的保障是全社会的共同责任

《中华人民共和国妇女权益保障法》对妇女权益作了特别保护规定,设定了落实保护的保障措施。但是,保障妇女的合法权益,促进男女平等,充分发挥妇女在社会主义现代化建设中的作用,是一项长期的任务,需要全社会共同努力承担起维护的责任。这里的全社会既包括国家的立法、司法、行政机关,也包括工会、妇联、共青团等有关社会团体以及企事业单位和城乡基层群众性自治组织,还包括全体公民,他们都有责任遵守法律规定,保障妇女行使各项法定权利。这是因为作为权利主体的妇女,活动在社会生产、生活的各个领域,她们各项权利的充分行使与全社会都有关系,因此,全社会都应充分意识到并切实承担起这一法律责任。

3. 妇女权益的实现需要发扬"四自"精神

妇女权益的实现除了法律的有力保障,全社会的共同关心负责外,还与妇女自身的努力奋斗分不开。妇女权益的实现需要妇女发扬"四自"精神。所谓"四自",就是"自尊",尊重自己人格,维护自身尊严,反对自轻自贱;"自信",相信自己的力量,坚定自己的信念,反对妄自菲薄;"自立",树立自己独立的意识,体现自己的社会价值,反对盲目依附顺从;"自强",顽强拼搏,奋力进取,反对自卑自弱。妇女应发扬"四自"精神,拿起法律的武器,与全社会一起努力奋斗,从而达到妇女的最终解放。

二、劳动法常识

(一)劳动法的法律效力及其原则

1. 劳动法是一部基本法

《中华人民共和国劳动法》于1994年7月5日,由第八届全国人民代表大会常务委员会第八次会议通过,于1995年1月1日实施。劳动法作为一部基本法,全面、综合、整体调整劳动关系以及与劳动关系密切联系的其他社会关系。除宪法外,它在劳动关系领域内具有最广泛的指导性和最高的法律效力。劳动法的颁布，旨在保护劳动者的合法权益，调整劳动关系，建立和维护适应社会主义市场经济的劳动制度，促进经济发展和社会进步。

　　2. 劳动法的基本原则

　　劳动法的基本原则贯穿于劳动法的制订和实施的全过程，构成了劳动法的基本框架。劳动法律条文体现了劳动法的基本原则。劳动法的基本原则有：保障劳动权利原则；依照团体或个人交涉及决定劳动条件的原则；劳动关系和谐稳定的原则；保障公正的劳动条件的原则；劳动者参与企业民主管理的原则。在这五条基本原则中，保障劳动者的劳动权是首要原则，如果没有劳动的权利，公民其他民主与自由将失去实际意义。

（二）劳动法赋予劳动者的权利和义务

　　《中华人民共和国劳动法》包括总则、促进就业、劳动合同和集体合同、工作时间和休息休假、工资、劳动安全卫生、女职工和未成年工特殊保护、职业培训、社会保险和福利、劳动争议、监督检查、法律责任、附则等总共十三章一百零七条。

　　劳动法总则中明确了劳动者的权利和义务，如：劳动者享有平等就业和选择职业的权利；取得劳动报酬的权利；休息休假的权利；获得劳动安全卫生保护的权利；接受职业技能培训的权利；享有社会保险和福利的权利；提请劳动争议处理的权利；依法参加和组织工会的权利等。劳动者必须履行的义务有：劳动者应当完成劳动任务、提高职业技能、执行劳动安全卫生规程、遵守劳动纪律和职业道德等。

（三）劳动合同

　　为了打破"铁饭碗"、"大锅饭"，真正实行"各尽所能，按劳分配"的社会主义分配原则，充分调动人们的积极性，增强企业活力，采用签订劳动合同的形式，规定劳动关系双方的权利和义务，实行劳动合同制，是用工制度方面的一项重要改革。

1. 什么是劳动合同

劳动合同指劳动者与用人单位确立劳动关系,明确双方权利和义务的协议。

2. 劳动合同的作用

劳动合同是建立劳动关系的凭证,是确立劳动关系双方权利和义务的形式,是规范劳动关系双方的行为准则,是调整劳动关系的一种手段,也是处理劳动争议的重要依据。

劳动合同依法订立,就具有法律效力。双方当事人必须严格按合同规定条款认真履行自己的义务,任何一方不得擅自变更或解除劳动合同。这对于保证劳动合同的稳定性、严肃性,维持正常生产秩序都具有重要意义。

3. 劳动合同订立的原则

(1)遵守国家法律和政策的原则。劳动合同的当事人必须具有法定资格,劳动合同的内容必须合法。否则,即使是当事人双方自愿订立的劳动合同,如内容违反国家法律、政策,不但不能受到法律保护,还要根据情况依法追究法律责任。

(2)坚持平等自愿、协商一致的原则。劳动合同的双方当事人,尽管一方是企业,一方是劳动者个人,但在订立合同时不存在谁命令谁,谁服从谁的问题。所谓自愿,即任何一方不得强制对方接受某种条件,第三人不得干涉劳动合同的订立、变更或终止。所谓协商一致,是指合同双方当事人所发生的一切分歧,必须用协商办法解决,最后取得一致意见。平等自愿是前提,没有平等,自愿就是一句空话。自愿是平等的体现,协商一致是平等的唯一表达形式。

4. 劳动合同的内容

劳动合同期限、工作内容、劳动保护条件、劳动报酬、劳动纪律、劳动合同终止的条件、违反劳动合同的责任,以上这七项构成劳动合同的基本组成部分。

家政服务员的劳务协议可以参照劳动合同有关内容制订,适当强调工作内容和劳动报酬。工作内容包括具体工作岗位和地点,工作时间等。用户的权利是要求服务员按合同约定,保质保量完成家庭服务任务。服务员的权利是在履行义务后取得足额的劳动报酬。至于其他的权利和义务可按协议约定。协议内容由家政服务员管理机构进行审核。如用户与服务员就某些问题发生分歧或纠纷,一般由管理机构先行调解。应该强调的是,服务员的劳动纪律与企业对劳动者的要求有些区别,应不损害用户财产、不侵害用户人身权、不泄露隐私、不接受不当得利等,这也是服务员应尽的义务。

附: 家政服务协议

甲方(雇主): 乙方(家政服务员):

(一)经甲方与乙方协商同意,签订服务协议,在协议有效期间,甲、乙双方必须遵守国家法律、法规。遵守公司颁发的《用户须知》和《服务员守则》,以保护甲、乙双方的合法权益不受侵犯。

(二)甲方(雇主)的权利和义务

1. 有权要求乙方提供_____为内容的家庭服务工作。未征得乙方同意,不得增加上述规定以外的劳务负担。

2. 向乙方提供与甲方家庭成员基本相同的食宿(儿童、老人、病人加餐除外),不得让乙方与异性成年人同居一室。

3. 平等待人,尊重乙方的人格和劳动,在工作上给予热情指导。不准虐待。

4. 负责保护乙方安全。

5. 按月付给乙方工资_____元,每月递增_____元,增到_____元,不得拖欠、克扣。

6. 服务半年内负担乙方医药费30%,半年之后负担乙方医药费40%。

7. 保证乙方每月休息不少于4天,如因特殊情况不让乙方休息,征得乙方同意,应按天付给报酬。

8. 乙方为甲方服务时,造成本人或他人的意外事故,甲方应立即通知有关部门和公司,积极处理好善后事宜,并承担一定经济责任。

9. 乙方在服务过程中,因工作失误给甲方造成损失,甲方有权追究乙方责任和提出赔偿的要求,依照国家法律和有关法规处理。甲方不得采取搜身、扣押钱物以及殴打、威逼等侵权行为。

10. 不得擅自将乙方转换为第三方服务,不许将乙方带往外地服务。

（三）乙方（家政服务员）的权利和义务

1. 自愿为甲方提供＿＿＿＿＿＿＿＿＿＿＿＿为内容的家庭服务工作。

2. 热心工作,文明服务,遵守公共道德和国家法律、法规。

3. 不得擅自外出,不带外人去甲方住处,不准私自翻动甲方物品,不参与甲方家庭纠纷。未经甲方允许私自外出或违反上述规定,发生问题责任自负。

4. 服务期间,因工作失误造成的损失,均由自己负责。

5. 乙方根据工作需要确定休息日,如因甲方需要而停休,有权向甲方按天收取报酬。

6. 服务半年内自己负担医药费70%,半年以上,自己负担60%。

7. 有权拒绝转换为第三方服务,或带往外地服务。

8. 有权拒绝甲方增加协议规定之外的劳动负担,如双方协商同意,乙方有权要求增加劳动报酬。

9. 乙方合法权益受到侵害,有权向有关部门和公司提出申诉,直至司法部门控告。

（四）协议签订与解除

1. 协议签订时,双方向公司（协议签发部门）交纳介绍费＿＿＿＿＿＿元。

2. 协议到期后或协议内容有所变更时,7天之内应由双方持协议到公司办理续签和变更手续。

3. 经公司同意,双方持协议办理解除协议手续,服务协议才视为终止。

4. 乙方擅自离开用户家,甲方必须在 24 小时内通知备案,否则乙方所出问题均由甲方承担责任。

5. 协议未到期双方均要求解除协议,各收违约金_____元整,任何一方要求解除协议,则由提出方交纳_____元违约金。

6. 本协议一式三份,甲乙双方和家政公司各持一份。本协议经双方商洽期限自 年 月 日起至 年 月 日。

甲方(签字): 乙方(签字):

公司(盖章):

三、民 法 常 识

(一)民事权利

我国完整的法律体系基本上分三个层次,即根本法、基本法和单行法。民法是调整平等主体之间财产关系和人身关系的基本法,它的效力次于宪法,高于单行法。《中华人民共和国民法通则》规定了我国社会生活中财产关系、人身关系必须遵循的共同性的基本准则。所以,了解民法,了解民事行为的合法性与有效性,了解民事责任承担的方式是十分必要的。

民事权利是指公民、法人在民事法律关系中,依照法律的规定或合同的约定,根据自己的意愿实现自己某种利益的可能性。

(二)民事权利的分类

在我国,民事法律关系主体所享有的民事权利是十分广泛的。按其性质和特点,可将民事权利分为财产权与人身权;物权与债权;主权利与从权利等。由于角度不同,上述权利相互有些交叉。根据家政服务员工作的需要,这里着重介绍财产权与人身权。

1. 财产权

财产权指具有直接财产内容的民事权利,如财产所有权,以及与此有关的债权、继承权、承包经营权、相邻权等。

财产所有权指财产所有人依法对自己的财产享有占有、使用、收益和处分的权利。这四项权利一般与财产所有人是紧密结合的。公民如对财产不享有所有权，就无法进行正常的生产和生活，就不可能进行买卖、借贷、赠与、继承等民事活动。在日常生活中，非法占有他人财产，对财产收益中的孳息归属不当，擅自处分他人财物的现象时有发生。国家在处理这类问题上，将依法保护财产所有人的所有权，对侵犯他人财产所有权的行为人则追究法律责任。

2. 人身权

人身权是指与民事主体的人身不可分离而无直接财产内容的民事权利，如人格权、身份权。人格权又包括公民的生命健康权、人身自由权、姓名权、名誉权、肖像权等。身份权又包括夫妻间所享有受扶养的权利，父母子女间受抚养、受赡养的权利等。

人身权是公民、法人的一项重要权利，随着社会的进步，精神文明程度的提高，人们越来越意识到人身权利的重要性。同时，法律也为公民、法人的人身权提供了切实可靠的保障。如民法通则中第九十九至一百零二条等，确认公民在享有姓名权、肖像权、名誉权、荣誉权的同时，明确禁止以干涉、盗用、假冒等手段侵害他人姓名权，禁止非法使用公民的肖像，禁止用侮辱、诽谤的形式损害公民、法人的名誉，禁止泄露、宣扬他人的隐私等。除此以外，我国民事立法上首次确认了对非财产性的人身伤害，受害人也可以要求赔偿损失，即精神损失赔偿的原则。总之，民法从权利、义务和责任方面，为公民、法人人身权的行使提供了全面的法律保护。

实践表明，公民人格权方面的纠纷较多。为此，我们既要依法保护自己的名誉权，使自己的人格尊严不受侵害，又要认真学习法律，防止发生侵害他人人格尊严的行为，如毫无根据或捕风捉影地捏造他人行为不端，并四处张扬，使他人精神受到很大痛苦。此外，如何保护他人隐私问题也易被人忽视。隐私，即指个人私生活行为上所不愿公开的一切秘密,如个人不愿让他人知晓的住所、领养孩子的秘密、个人日记、个人男女交往情况、家中财产等。总之,个人这些与公共利益不相违背,与法律不相违背的生活情况均受法律保护。当然,把握这类问题要与揭露违法犯罪行为相区分。

(三)民事权利的行使

民事权利受法律保护,国家为民事主体实现自己的权利提供了物质上和法律上的保障,使其能充分实现。但民事权利的行使不是绝对自由,毫无限制的。宪法第五十一条规定:"中华人民共和国公民在行使自由和权利的时候,不得损害国家的、社会的、集体的利益和其他公民的合法自由和权利。"倘若民事主体滥用自己的民事权利,侵害了国家的利益、集体的利益和他人的合法权益,不仅自己的民事权利不能很好实现,还要承担因损害他人权利所产生的法律后果。因此,民事主体必须依法正确行使自己的权利。

(四)法律责任

法律责任指行为人对其违法行为所引起的法律后果,必须承担的一定的强制性的责任。民事责任是法律责任的一种,也具有强制力和约束力。

民事违法行为一般包括侵害他人的财产权、人身权的行为,称侵权行为;违反合同约定义务的行为,即违约行为;不履行其他民事义务的行为,即既非侵权又非违约的其他民事违法行为,如取得不当得利不予返还,或接受遗赠而又不履行遗嘱所附的义务等,这类行为同样要承担法律责任。根据民法通则第一百三十四条规定,承担民事责任的方式主要有以下十种:停止伤害;排除妨碍;消除危险;返还财产;恢复原状;修理、重作、更换;赔偿损失;支付违约金;消除影响、恢复名誉;赔礼道歉。

第二篇　家政服务技艺知识

第五章　居室的保洁

整洁、舒适的居住环境,有助于消除疲劳,提高工作、学习效率。同时,搞好居室的环境卫生,也是防止蟑螂、蚊、蝇孳生和传播疾病的重要措施。因此,地面、墙壁、家具、用具的保洁甚为重要。

一、地面、墙壁的保洁

(一)地面的清洁

1. 地毯

地毯种类繁多,有几种不同的分类方法。如按材质分类,有丝织地毯、纯羊毛地毯、混纺地毯、化纤地毯、塑料地毯、草编地毯等,还可按织造方法、图案类型、地毯款式等分类。其清洁工作应掌握如下几点:

(1)及时清理。每天要用吸尘器清理,不要等到大量污渍及污垢渗入地毯纤维后再清理。只有经常清理,才易于保洁。

(2)合理使用。地毯铺用几年以后,最好调换一下位置,使磨损均匀。一旦有些地方凹凸不平时要轻轻拍打,或者用蒸气熨斗轻轻熨几下。

(3)去污方法。墨水渍可用柠檬汁或柠檬酸擦拭,擦拭过的地方要用清水洗一下,之后再用干毛巾拭去水分;咖啡、可可、茶渍可用甘油(1食勺甘油兑1升水)除掉;水果汁可用冷水加少量氨水除去;油污可用汽油与洗衣粉一起调成粥状,晚上涂到油渍处,早晨用温水清洗后再用干毛巾将水分吸干,并设法尽快将地毯晾干,但切忌阳光曝晒,以免褪色;血渍要先用冷水擦洗,再用温水或柠檬汁搓洗,切忌先用温水洗,因血中蛋白质遇热会凝固粘牢,导致难以洗掉。如将醋与少量水混合使用,可以使地毯色泽鲜艳。

(4)清除异物。地毯上落下些绒毛、纸屑等质量轻的物质,用吸尘器一吸就可以解决。若不小心在地毯上打破一只玻璃杯,可用宽些的胶带纸将碎玻璃粘起;如碎玻璃呈粉末状,可用棉花蘸水沾起,或撒点米饭粒将其粘住,再用吸尘器吸掉。

2. 木地板

对打蜡地板,一般应每天用软扫帚进行清扫,也可用布拖把或蜡拖把进行拖扫。每隔一段时间要上地板油或打地板蜡。

上地板油的方法是先将地板擦干净,污渍用湿拖布擦拭掉。干燥后用洁净的干布蘸上地板油擦拭,就可以使木地板表面清洁油亮,光可鉴人。

地板打蜡的方法是先将地板去污后,用湿拖布擦净地板并晾干后,用软布把地板蜡均匀涂抹在地板表面,并使其"吃透"。稍干后,用钢丝绒放在涂满地板蜡的拖把下,顺着地板的纹路来回拉动拖把,把地板上沾积的污迹擦拭掉,并扫净表面,再用涂蜡拖把来回拖动打光地板表面。原则上可用四个字概括,即打蜡应"勤、打、少、薄"。

油漆以后的地板可以打蜡后使用,也可以不打蜡直接使用。木地板使用时,要注意不要把烟头或燃着的火柴棒随手扔在木地板上,以免烧焦地板表层。不要把水或饭汤洒落在地板上,影响地板的明亮和清洁。特别要注意的是,一旦木地板表面沾染上污渍,不要用汽油、苯或香蕉水之类的溶剂擦拭,以免损伤地板表面的油漆或蜡层。打蜡地板只要用钢丝绒摩擦就可以把污渍除掉,油漆地板可用湿布擦拭。

3. 塑料地板

塑料地板的清洁可用软扫帚清扫,或用布拖把擦拭。

当塑料地板上沾有污垢后,切勿用硬毛刷擦刷,以免在塑料地板表面留下划痕,而应该用海绵或软布蘸上家用洗涤剂进行擦拭,便能除去污渍。

避免大量的水(如水拖),尤其是热水、碱水与塑料地面接触,以免影响粘结强度或引起变色、翘曲等现象。

应避免尖锐的金属器具,如炊具、刀、剪等跌落到塑料地板上,也不要穿钉有铁钉的鞋子走踏塑料地板。

4. 大理石、花岗岩、陶瓷锦砖(马赛克)、地砖、水磨石地面

平时经常用扫帚清扫,或用湿拖把拖扫。地上如有污渍,可用洗涤剂先擦拭一遍,接着用清水和湿拖把将地面擦拭干净,最后用干布擦干。

(二)墙壁的清洁

1. 墙纸、织锦缎墙壁

墙纸、织锦缎墙面比较平整、光滑,一般不易堆积灰尘,所以平时每隔几个月用鸡毛圆帚轻轻掸扫墙面就可以了,也可用吸尘器清理。

2. 发泡墙纸墙壁

发泡墙纸图案逼真,立体感强,但因为表面的花纹有凹凸,使墙壁表面容易积灰尘又不容易擦洗。所以发泡墙纸的清洁工作需要经常用鸡毛圆帚掸扫,并且每隔2~3个月要用吸尘器清理一次。

3. 油漆、多彩喷塑墙壁

多彩喷塑墙壁是在墙壁上先喷涂一层底色漆,再喷涂多色的复色漆而成的。它和油漆墙壁一样比较平整、光滑,所以不容易积灰,又容易清扫。平时可用鸡毛圆帚掸扫灰尘,也可以用柔软毛巾或棉纱轻轻抹掉漆膜上的灰尘,每隔几个月用拧干的湿毛巾擦洗一次。

4. 乳胶漆墙壁

乳胶漆墙壁的清洁方法和油漆墙壁的清洁方法差不多,但用湿毛巾擦洗时要注意,毛巾一定要拧干,擦洗时只能轻轻地擦,不能多次来回用力擦,否则要破坏乳胶漆膜。

5. 护墙板

护墙板的清洁方法要根据护墙板表面所用材料来决定。如:用塑料贴面的护墙板可用洗洁精清洗后,再用拧干的湿毛巾擦干;

用油漆装饰的护墙板可用毛巾或棉纱擦拭,以去除墙面上的灰尘等污物。为了平时清洁和保养,可在护墙板的油漆表面用家具上光蜡涂擦后,再用干净棉纱揩擦,这样可使护墙板表面光洁,不容易堆积灰尘,也便于日常清洁和保养。

6. 贴瓷砖墙壁

瓷砖墙壁可用湿布擦拭。但厨房油污较多,瓷砖墙面及瓷砖缝隙处应仔细用洗涤剂去除油污,接着用湿布揩擦干净,最后再用干布揩干。

二、家具、炊具及室内的清洁

(一)家具的清洁

1. 红木家具

红木家具的木质呈暗红色、质硬、细腻,表面用生漆揩涂而成。用生漆揩涂后的红木家具表面细腻、色泽鲜艳、光亮如镜、经久耐用,具有独特的抗腐蚀、抗霉蛀、耐化学腐蚀、耐高温、耐水等优良性能,并有相当的坚固性。

红木家具一般都雕刻有很多美丽的花纹和图案,这对红木家具的清洁带来了不少的困难,如用鸡毛圆帚掸扫或柔软毛巾、揩布,皆打扫不到花纹里的灰尘,可用软的长毛刷子清刷。如表面有污渍,可用拧干的湿布擦拭,但不能用有机溶剂(如苯、香蕉水、丙酮、醋酸丁酯等)揩擦,以免破坏生漆漆膜,也不能用金属利器刮削红木家具表面。

2. 蜡克类家具

蜡克即硝基木器清漆,可用鸡毛圆帚掸扫或用柔软毛巾抹掉漆膜上的灰尘。由于蜡克的耐水性、耐热性及耐腐蚀性均较差,因而通常桌面上都放有玻璃板或其他垫子作保护物,故不宜用湿布或水揩擦,也不能将热水杯直接放在蜡克家具表面,以免失光与起壳。蜡克的正确保养方法应是每隔半年或数月,用美加净上光蜡或其他家具上光蜡涂擦,然后再用干净棉纱揩擦。蜡克类家具忌曝晒,要避日光,避潮湿。

3. 油基漆类家具

对油基漆类家具的清洁,可用鸡毛圆帚多掸扫,也可用柔软毛巾或湿布揩擦,以去除表面上的灰尘等污物。油基漆耐高温性能较差,耐水性与耐光性较蜡克好,但也不宜曝晒。油基漆的桌面上不宜放过热的东西,箱顶和各油漆面不宜用塑料或纸垫底或遮盖,以免日久粘贴在油漆面上,不易取下来。

4. 聚氨酯漆类家具

可用柔软布料或鸡毛圆帚掸去灰尘,并经常用美加净上光蜡涂擦。上蜡时,先把蜡均匀地涂擦在家具的表面,再用柔软布料或棉纱使劲擦去漆膜上的光蜡,使漆膜面上的白雾光消除,并呈现出似镜子般的光泽来。用聚氨酯漆涂饰的家具,其漆膜具有较好的耐高温性、耐腐蚀性等优点。打蜡的表面不宜用水揩擦,以免擦去表面蜡质,减少油漆面的光亮度。

5. 贴有装饰板家具

平时可用鸡毛圆帚掸扫或用软布料揩去灰尘,也可用拧干了的湿布擦拭。如有油污渍可用洗涤剂擦拭后,再用拧干的湿布擦拭。但须注意在贴装饰板的接缝处不能太潮湿,以免脱胶。

6. 金属家具

金属家具平时可用干布揩擦灰尘及污物,或用鸡毛圆帚掸扫灰尘。金属家具的使用及清洁应注意下面几点:

(1)镀铬的金属家具不宜放置于煤气灶附近,以防止煤气腐蚀镀铬层。

(2)金属家具要安置在干燥处,不要放在潮湿的地方,也不宜用湿抹布揩抹,更不能用水冲洗,以防钢材锈蚀。

(3)镀铬部分切勿触及酸碱等腐蚀液体,防止氧化生锈。

(4)镀铬部分可以经常用干纱布蘸上少许防锈油或缝纫机油擦拭,这样,能保持金属家具光亮如新。如果金属家具镀铬层出现锈斑,应及时去除掉,以免铁锈扩大。

（二）厨房及炊具的清洁

厨房是用于烹制饭菜的场所，关系到家庭成员的身体健康，务必要保持干净整洁。

1. 厨房用具的卫生要求

（1）厨房内外环境要求卫生、通风良好，厨房内垃圾要及时倒掉。夏天应设置纱窗、纱门及防蝇罩，及时消灭蟑螂、蚂蚁等虫害。

（2）菜板要刷洗得见本色，刀具及钢制餐具要见光。餐具使用后要及时清洗，清洗后进行消毒，并整齐地摆放在餐具柜内。

（3）面袋和粮袋要放在储物缸内，保持干净，夏季不要储存过多的粮食，以防生虫。

（4）厨房工作台面是配菜、选菜、放置食物的地方，台面上经常要沾到油腻，所以厨房工作台每天使用过后都要用洗洁精或洗涤剂擦净油腻，再用湿布擦洗干净。

（5）清洗煤气灶时，首先要把煤气灶的进气开关关掉，再用揩布蘸洗涤剂把油腻等污物擦拭净，然后用湿布揩擦，最后再用干布揩擦干净。

对不锈钢煤气灶，可趁热用干布擦拭，效果非常好，能使不锈钢发出光泽。

（6）不粘锅要用软布洗涤，不能用刀、铁铲等金属利器铲刮，以免损伤聚四氟乙烯涂料层。

2. 不锈钢炊具保洁的要求

（1）锅底如有食物烧焦粘结，不能用金属锐器铲刮，可用水浸软后再用竹、木器刮去；

（2）对表面的雾状物或熏黑的烟气，可用软布蘸去污粉或洗洁剂揩抹干净；

（3）使用时锅底不能有水渍，否则，燃烧时产生的二氧化硫或三氧化硫会对锅底起腐蚀作用。

3. 厨房去污小窍门

（1）不锈钢器皿上留有硬水造成的白斑，可用食醋擦洗干净；

（2）铜锅或铜壶有了污垢，可以用绒布蘸少许柠檬汁和细盐来擦洗干净；

（3）在水质较硬的地区，烧水的铝壶用久了，壶内会积起一层水垢，如在烧水时放入 1 汤匙苏打，煮几分钟即可去垢。如果水垢过厚，要使用小锤轻轻敲打壶底才能去除；

（4）搪瓷器具陈年积垢不易保洁，可用刷子蘸少许牙膏刷拭，有奇效；

（5）喝茶的杯子时间一长，会积起一层咖啡色茶垢，用细盐末擦洗即可，也可用牙膏擦拭；

（6）玻璃制品及陶瓷器皿有了污垢，用醋与食盐的混合液擦拭；

（7）漆器上的油垢，可用青菜擦拭，再用漂白粉水浸一夜，第二天用清水冲洗干净。

4. 厨房物品的清洗消毒方法

（1）餐具和橱柜：餐具应在每次餐后清洗，使用热水加洗洁精效果比较好，洗碗水的温度以略为烫手为宜。对于清洗后的餐具，一般使用消毒柜来进行消毒处理。消毒的时间可根据餐具的数量而定，一般每次 10 分钟以上。存放超过一周以上的餐具，再用时应当进行以上清洗处理。

橱柜应每天用抹布擦拭干净，每周用消毒液消毒一次。

（2）案板和刀：案板必须生熟分清，主食和副食分清，有条件时应建议主人准备 3 块案板，其用途见表 5-1。

表 5-1　案板的分类

案板	用　　途
面板	用于擀面片、大饼、饺子皮等面类食品
生菜板	用于切蔬菜，剁菜馅，切生的肉类食品
熟菜板	用于切黄瓜、香菜、小萝卜、熟肠、熟肉等直接入口的食品

案板在每次用过后必须用洗涤剂及棕刷充分刷洗，使木见本

色。特别是缝隙、切痕更应细致冲刷,最后用清水冲净,竖放待其自然干燥。

刀同案板是形影不离的两种工具,切生食和切熟食的刀一定要分开专用,应严格保持操作卫生。

(3)抹布:抹布是厨房中使用频率最高的物品,常用于擦拭、洗碗、垫手等用途,最容易沾染油污和污垢,家政服务员一定要重视抹布的消毒。

抹布最有效的消毒方法是开水煮,即在加洗涤剂的开水(100℃)中煮沸15分钟,然后进行晾晒,利用太阳光消毒。抹布不用的时候要挂起来晾干,不要随手扔在一边。

(三)卫生间的保洁

卫生间的保洁是一件复杂的劳动,按固定的程序进行,可达到高效率。

1. 保洁

(1)保洁程序:备好用具→开灯→便桶冲水→清洗脸盆、浴缸→清洗便桶→擦卫生间镜面、墙面、地面→查看有无漏项→关灯、关门。

(2)保洁方法:脸盆或浴缸先用清洁剂或专用洗涤灵从里到外全面擦,然后用清水冲洗,再用专用布依次擦净、擦干。便器一般要用去污剂来进行清洗,为了防止伤手,洗前要戴好专用保洁手套,遇到污垢洗不掉时,需要加稀酸来腐蚀,但一定要注意安全。

(3)注意事项:保洁的重点是便器,对于污迹较重的地方,可用清洁剂轻擦,一定不要用力过重,以防墙面起花或起泡。保洁完卫生间之后,应在卫生间门口环视一下,确认无漏项后再关门。

2. 消毒

卫生间的保洁消毒对于每个家庭都是非常必要的。消毒的办法如下:

(1)更衣室、存放衣物的箱柜、竹筐以及厕所,每周最少用消毒剂喷雾消毒及驱虫一次。

（2）毛巾和浴巾应备有充足的数量，以便周转消毒，做到人手两巾（毛巾、浴巾），用后集中蒸煮消毒。

（3）浴盆每洗完一人后都要用消毒液进行擦拭。

（4）便桶、便池可用去污粉或重铬酸钾加硫酸配制成的清洗液进行擦拭，做到无垢、无臭味。

3. 打扫卫生间的窍门

打扫卫生间要坚持勤擦勤洗，打扫前可在便器四周撒上一些清洁剂和少许漂白剂，然后淋热水，用刷子使劲地刷洗一遍，最后再用剩余的热水或干净的水彻底冲洗干净。这样到第二天早上，厕所一点污垢也没有，光亮如新。如果污垢太多时，只要在冲热水后立即用刷子用力刷，任何污垢也会随之除掉。

（四）其他居室内的清洁

其他居室主要有客厅、餐厅、卧室、书房和活动室，室内的清洁主要做到以下几点：

（1）居内应经常打开门窗，通风换气，保持室内空气清新，即使在冬季也应在早、晚打开门窗或气窗。白天打开窗帘，打开玻璃窗，让阳光直接照射，利于杀灭室内空气中的病菌。

（2）居室内应做到每天早晨或随时清扫，此外，每个月以及初春、初冬季节还应进行一次大扫除，以消灭四害。

（3）床上用品要保持清洁，勤洗勤换，经常晒太阳杀菌。

（4）使用吸尘器吸尘，应从里到外，从上到下，凡生活用品均应吸清灰尘。

（5）所有的餐饮用具用后应及时清洗，随时整理；所有的调料、盛器均应加盖。每次用餐结束，应及时清洗，并清理掉垃圾与污物。

第六章　采买与记账

俗话说:"巧媳妇难做无米之炊。"烹饪原料是制作菜肴的物质条件。市场上烹饪原料种类繁多、千差万别,要制作美味可口的菜肴,必须对所用的原料进行认真的选购,因此必须掌握鉴别原料质量的基本知识、基本技能和诀窍。

一、烹饪原料的识别与采购

(一)烹饪原料品质识别的依据和标准

1. 原料的食用价值

原料的食用价值包括原料的营养价值、口味、质地等指标。食用价值越大,其品质越好,这与原料的品种、产地等有着密切的关系。

2. 原料的成熟度

原料的成熟度是指原料的成熟应处在最佳时期,这与原料的培育和饲养时间、上市季节有着密切的关系。

3. 原料的纯净度

一切优质原料都表现为纯净无杂质、无异物,反之是品质差的原料,其加工起来费时费事,消耗成本高,口味也差。

4. 原料的新鲜度

原料的新鲜度是识别原料品质的最基本的标准。存放的时间过长或保管不妥,都会使原料新鲜度下降,甚至引起变质。这些变化一般可以从如下五个方面反映出来:

(1)形态的变化:任何原料都有其一定的形态。越是新鲜,越能保持它原有的形态。反之必然变形走样。如不新鲜的蔬菜会干瘪发蔫,不新鲜的鱼会脱鳞。

(2)色彩的变化:每一种原料都有其天然的色彩和光泽。如新鲜鱼鳃颜色鲜红,凡是原料色彩和光泽变灰变暗,或有其他非天然的色泽(不法商贩用染色来以次充好)时,都说明原料新鲜度降低。

（3）含水量和重量的变化：新鲜的原料都有正常的含水量。含水量变大或变小均说明原料不新鲜，含水量的变化反映在重量的变重和变轻。就鲜活原料而言，水分的蒸发、重量的减轻，意味着新鲜度下降；而干货原料则相反，重量增加，则表明受潮、质量下降。

（4）质地的变化：新鲜原料质地大都坚实饱满，富有弹性和韧性。如质地松软而缺乏弹性，则说明其新鲜度下降。

（5）气味的变化：各种新鲜的原料一般都有其独特的气味。凡是不能保持其特有气味，而出现异味的说明其新鲜度下降。

5. 原料的清洁卫生

烹饪原料是用以制作菜肴的，必须符合食品卫生的要求。凡是腐败变质、受污染或本身带有致病菌和毒素的均不能选用。对于这一点必须特别注意。

（二）日常原料的采购方法

1. 畜肉及其制品

选购家畜鲜肉可通过"看、摸、闻"来鉴别其质量好坏。

（1）猪肉的选购。猪肉的部位不同，其肥瘦、老嫩、味道也不同。因此我们在烹制不同菜肴时必须进行合理的选购。猪体的各部分名称如下：

小排：位于前腿上的肋骨，骨多肉嫩，宜制作糖醋小排。

前腿：又称夹心肉，质老筋多，吸水力强，适宜于制馅、做肉元。

方肉：又称肋条，肥瘦相间、五花三层，适宜于红烧、走油、粉蒸等。

大排：是猪肉中最嫩的肉，宜制作炸猪排、红烧大排等菜肴。

后腿肉：质嫩肉瘦，可切丝、切片、切丁等，适宜做爆、炒、熘菜肴。

前蹄、后蹄：可清炖、红烧等。

（2）黄牛肉和水牛肉的选购。黄牛肉较水牛肉质嫩、味鲜、膻味少。两者区别主要有三方面：一看颜色，黄牛肉呈大红色，水牛肉呈紫红色；二看纤维，黄牛肉纤维细嫩，水牛肉纤维粗老；三看脂肪颜色，黄牛肉脂肪呈黄色，水牛肉脂肪呈白色（这是最主要的区别标志）。

（3）羊肉的选购。选购羊肉首先要区分绵羊肉和山羊肉。绵羊肉肉色暗红,纤维细嫩,皮下和肌肉稍有脂肪夹杂,肉质肥嫩、但膻味浓厚。山羊肉纤维粗老,肉色较淡,皮下脂肪稀少,但腹部脂肪较多,膻味较绵羊轻,但肉质不如绵羊肥嫩。

其次要区分老羊肉和小羊肉。小羊肉肉色浅红,肉质坚实细密,富有弹性,脂肪匀称、呈白色,关节处骨质松、湿润而带红色,肉质细嫩肥美、膻味轻、质佳。老羊肉颜色深红,肉质粗老,关节处骨质硬、呈白色,膻味重、肉老、质差。

（4）咸肉的选购。咸肉味鲜美,是制作汤菜的好原料。

选购咸肉的方法是:一看色泽,优质咸肉的肌肉呈玫瑰色或暗红色,脂肪呈白色;质次咸肉肌肉为咖啡色,脂肪呈黄色。二看外观,优质咸肉外表干洁,肉质结实,切面平整、有光泽;质次咸肉外表湿润发黏有霉点,肌肉松软,切面发黏无光泽。三闻气味,优质咸肉有香味;质次咸肉有哈喇味。

2. 家禽

家庭常用家禽一般以鸡鸭为多。

（1）鸡的选购。在农贸市场选购活鸡,应掌握以下方法:一看,健康的鸡鸡冠挺直,头部肌肉丰满,双目炯炯有神、转动灵活,羽毛紧盖肉身,肛门附近绒毛洁净。二摸,手摸鸡胸脯,肉厚而肥壮,骨突而瘦。三掂分量,与其体积相比,如过重是由于塞了食或注了水,如过轻则是太瘦;如与体积相称,且略重的鸡则肥壮。

（2）新鸭与老鸭的区别。新鸭肉嫩宜制作冷盆和炒菜,老鸭肉老宜制汤。其区别方法是:一看羽毛,老鸭羽毛不如新鸭光洁;二看蹼,老鸭蹼老硬厚,新鸭蹼嫩色嫩黄;三看嘴,老鸭嘴上花斑多、嘴管发硬,新鸭嘴上无花斑。

3. 水产品的选购

（1）鱼类。一般以体表清洁有光泽,黏液少,鳞片完整紧贴鱼身,鳃色鲜红,鳃丝清晰,眼球饱满突出,角膜透明,肌肉坚实有弹性为好。

(2)虾类。头尾完整,有一定弯度,虾身较挺,皮壳发亮呈青绿色或青白色,肉质坚实细嫩为质好。

(3)蟹类。海蟹一般都是死蟹,关键是挑选新鲜肥壮的。具体方法是:一看。蟹背呈青灰色,腹白、色泽光亮,蟹背两只尖角顶端呈土黄色(说明有蟹黄)。二掂。用手掂份量,手感沉重的相对壮实。三捏。用手捏靠近蟹肚的腿,以坚实肥壮捏不动的为好。四剥。剥开脐盖观其蟹黄或蟹膏是否凝集成形。五拉。新鲜的海蟹,蟹腿完整,轻拉蟹腿关节有弹性,而质次的蟹腿易断。

(4)河蟹(清水大闸蟹)。蟹腿肉坚实肥壮,脐部饱满,行动灵活,次青壳、白腹、金毛的为上品。

(5)河鳗。河鳗质嫩味美,含有极丰富的蛋白质和维生素 A,分野生和家养两种。野生的背黄、腹白、味鲜美;家养的背呈青黑而腹白,味不如野生。

(6)甲鱼。甲鱼有黄沙和本江之分。黄沙甲鱼产于长江中游和内地(江西、黄河流域),背部呈土黄色,腹白,生命力差,肉瘦味差。本江甲鱼产于长江下游(江浙、安徽等地),背部呈青黑色,腹白,生命力强,肉质较嫩,味美。

应指出的是,死河鳗、死甲鱼因有组胺毒,不能食用。

4. 罐头食品的选购

(1)看商标。看清商标上产品的名称、重量、成分、厂名、生产日期以及保质期。

(2)看出厂期。内销罐头盖上面第一行英文字母和后面的数字是厂名代号。第二行数字自左至右分别是年、月、日和生产班次的代号。第三行数字是产品名称代号。

出口转内销的罐头盖上面第一行左边的数字代表日,右边数字代表班次。第二行左边数字代表月,中间英文数字和后面的数字是厂名代号,右边的数字代表年。第三行的数字是产品名称代号。罐头食品的保质期从产期算起,一般鱼肉禽类罐头为 1 年,水果蔬菜罐头为 1 年 3 个月,油炸干果、番茄酱、果汁、虾蟹等罐头为 1 年。

（3）看罐头的外形。正常的应是罐身清洁、光亮无锈斑、焊缝完整、罐盖稍凹。如罐身生锈,盖面和底面凸出,接缝卷边不严密说明质差。

二、日常采买记账法

家政服务员要为用户"当好家,理好财",使用户称心、放心,必须及时做好采买"日记账",即把每天购买的生活用品,烹饪原料按时间顺序逐笔记账。

日常开支记账一般采用"现金日记账"的记账格式,基本结构为"收入"、"支出"、"结余"三栏式。家政服务员应将每天采买日常用品的收付款项逐笔登记,并结出余额,同实存现金相核对,借以检查每天现金的收、付、存情况。

如果用户只要求服务员管理每月的伙食开支,只需服务员每天买菜,承担一家几口的用餐,则可以采用三栏式的记账法。例:主人在月初给服务员一月生活开支1 000元,8月2日买菜共计用去140.80元,8月3日买菜用去150元,表6-1所示:

表6-1　家政服务员记账样式表

年		采买物品内容			收入 /元	支出 /元	结余 /元
月	日	品名	数量	价格(元)			
8	1	开始费用			1 000.00		
8	2	鸡	1只	35.80			
		大排	2斤	16			
		蟹	半斤	60			
		调味品		29		140.80	859.20
8	3	海参	1斤	80			
		饮料	1箱	20			
		火腿	半只	50		150.00	709.20
合计					1 000.00	290.80	709.20

如果用户将每月的生活开支均委托给家政服务员，即不但要购买烹调食品与原料，还要购买生活用品，可采用多栏式的"现金日记账"较合适。例:9 月 5 日购压力锅 1 只，金额 80.50 元;购小包装食品 1 袋，金额 9.40 元;购猪肉 1 000 克(2 斤)18.60 元;9 月 6 日购买小孩汗衫 1 套 50.60 元;购买鸡 1 只，金额 25 元，巧克力 1 袋，金额 15.00 元;填表如 6-2 所示:

表 6-2　家政服务员生活用品的购买记账样式表

年		购买物品内容			收入/元	支出/元	结余/元
月	日	生活用品类	烹调原料	其他类			
9	1			开支费用	1 000.00		
9	5	压力锅 80.50	猪肉 2 斤 18.60	小包装食品 9.40		108.50	891.50
9	6	小孩汗衫 50.60	鸡 1 只 25.00	巧克力 15.00		90.60	800.90
合计		131.10	43.60	24.40	1 000.00	199.10	800.90

最后结出 9 月 5 日支出金额为 108.50 元，9 月 6 日支出金额为 90.60 元，两天的生活开支为 199.10 元。如果用户要了解每周开支情况，你可以将每天发生的金额加起来，结一次金额即可。每月开支情况，可以将每周结出的金额加起来就是一个月的总开支。

第七章　家常菜肴的加工与烹制

随着我国人民生活水平的不断提高,农副产品市场的日益繁荣,现代家庭的一日三餐从温饱型转向享受型和营养型,人们对日常的饮食提出了更高的要求。作为一个合格的家政服务员,必须学会和掌握这方面的基础知识和操作技能,根据营养卫生的要求,对烹饪原料进行正确的初加工,合理地进行营养配膳,运用科学的方法烹制菜肴,使烹制出的菜肴能达到色、香、味、形俱佳和营养丰富的要求,以满足用户的需要,不断提高服务质量。

一、蔬菜、鱼类和家禽类的初加工常识

(一)新鲜蔬菜的洗涤

新鲜蔬菜的初加工必须遵循以下原则:

(1)合理取舍。枯叶、老黄叶、老根以及不能食用的部分必须剔除干净,对可食部分要尽量加以保存(如莴苣叶和芹菜嫩叶)。

(2)符合卫生要求。必须洗涤干净虫卵杂物。对受农药、化肥污染的蔬菜,必须用淡盐水或清水浸透、冲洗,以保障人体健康。

(3)减少营养素的损失。蔬菜要先洗后切,防止蔬菜中的维生素和矿物质从切口处流失。

(二)常用水产品的初步加工

鱼类的初加工大致可分为去鳞、煺砂、剥皮、泡烫、宰杀、摘洗等步骤。

(1)刮鳞。适用于加工骨片性鳞的鱼类,如黄鱼、青鱼、鳊鱼等。加工步骤为:刮鳞、去鳃、除内脏、洗涤。(洗涤时必须刮净鱼腹内壁的黑色腹膜,此膜不仅腥、味苦、而且有毒。)

(2)煺砂。主要用于加工鱼皮表面带有砂粒的鱼类,如鲨鱼、虎鳗等。其加工步骤是:热水泡烫、煺砂、去鳃、开膛除内脏、洗涤。

(3)剥皮。用于加工鱼皮粗糙、颜色不美观的鱼类,如板鱼、

橡皮鱼等。其加工步骤是:剥皮(有的只需剥一面)、腹面刮鳞、去鳃除内脏、洗涤。

(4)泡烫。主要用于加工鱼体表面带有黏液而腥味重的鱼类,如鳗鲡、黄鳝等。其加工步骤是:沸水泡烫、用抹布抹去黏液、去鳃除内脏、洗涤。

(5)宰杀。主要用于加工活养的鱼类,如甲鱼、黄鳝等。甲鱼初加工的过程是:宰杀、烫皮、开壳取内脏、煮制、洗涤、半成品。

宰杀甲鱼的方法有多种,较方便安全的方法是将甲鱼放在地上,用脚踩住其背部,待甲鱼头伸出,用刀割断头颈放尽血液即可。

(6)摘洗。主要用于软体水产品,如墨鱼、鱿鱼、章鱼等。其加工方法是将墨鱼放在水中用剪刀刺破眼睛,挤出眼球和头上的嘴喙。再把头拉出,除去灰质骨,将背部撕开去其内脏,剥皮洗净。

(三)家禽的初加工

家禽初加工的步骤主要有:宰杀、烫泡、开膛、取内脏和洗涤。操作时应注意以下几点:

(1)宰杀时必须断二管(气管和动脉血管),放尽血液,避免肉质发红而影响质量。

(2)烫毛时必须根据家禽的老嫩和季节变化掌握好水温与时间。质老、体大的水温要高。冬季水温宜高,夏季水温宜低,春秋两季适中。此外,还应根据品种的不同而有所区别,如烫鸡的时间短一些,烫鸭、鹅的时间长一些。

(3)洗涤必须干净,特别是内脏和腹腔的血污应反复搓洗干净。

(四)干货原料的初步加工

干货原料的初加工即干料涨发,就是用各种方法使干料尽可能吸收水分,重新回软,最大限度地恢复其原有的形状和鲜嫩,去除杂质和腥臊气味,合乎食用要求,利于消化吸收。涨发的方法一般有水发、油发和碱发,此外还有盐发和火发。

(1)水发。分冷水发和热水发两种。冷水发又分浸发和漂发。浸发适宜质嫩、形薄的干料,如香菇、木耳等。漂发也叫冲发,适宜质嫩而杂质多的干料,如海带、海蜇等。

热水发有泡发、煮发、蒸发和焖发等。泡发适宜质嫩形小的干料,如粉丝、金针菜等。煮发、蒸发和焖发适宜质老、形大的干料,如干贝、鱼翅、海参、熊掌等。根据各种原料的性能,涨发的过程也可交叉反复进行。

(2)油发。适宜胶原蛋白质丰富、结缔组织多的干料,如肉皮、蹄筋、鱼肚等。

(3)碱发。适宜质地坚硬的动物性干料,如鱿鱼、海螺、赤贝等。此外,盐发同油发、火发均是辅助的发料方法。

(五)干料涨发的实例

1. 香菇、木耳(白木耳或黑木耳)的涨发

先用冷水浸透(冬天24小时,夏天6~12小时),再用清水洗净即成。注意不要用热水泡发,否则吃口不软糯,香菇会失去香味和鲜味。

2. 蹄筋、肉皮的涨发

(1)选料。选择干洁、透明、无油腻的蹄筋和肉皮,肉皮最好是大排皮或后腿皮。

(2)焐油(关键工序)。用剪刀将蹄筋、肉皮剪成小块放入冷油锅中,用微火焐1~2小时(油的温度保持在80℃左右)。当肉皮或蹄筋回软起卷,表皮起小气泡时,说明焐透,即可捞出。

(3)涨发。用旺火将油烧热至200℃左右(油面有烟),逐一投入肉皮或蹄筋,使其迅速呈膨松状,即可取出沥油冷却。

(4)浸泡。在烹调前,须用热水洗净油污,并用温水浸软。

3. 干贝的涨发

将干贝洗净,除去外层老筋,放入碗内,加清水(以淹没为准)、葱节、姜块、黄酒上笼蒸1小时,去葱姜,用手指能捻成丝状为好。

4. 海参的涨发

海参(除梅花参和大乌参)用冷水浸软,入冷水锅用旺火煮沸

后关火,焖到水冷,将已涨发好的嫩海参取出;老海参则再用旺火煮沸,再关火,焖到水冷——这样反复几次,直至涨发好为止。烹调前开肚去肠,洗净即可。

5. 鱿鱼的涨发

干鱿鱼用冷水浸软(冬天浸 24 小时,夏天浸 3～6 小时)。水发剂用温水调开,加清水 6 千克,回软的鱿鱼浸入将泡 2 小时以后,再加清水 6 千克,此时鱿鱼肉皮增厚、色泽微红、呈半透明状。烹调前用清水冲洗去碱味即可。

6. 燕窝的涨发

将燕窝放入开水中泡至回软,用清水漂洗两次,呈细丝状,漂浮在清水中,用镊子细心摘去夹在其中的燕毛和杂质,再将燕窝放入热碱水中浸泡涨发(碱溶液比例为:3 克石碱兑 750 克开水,可浸泡 15 克燕窝)。如果燕窝的质差,致使涨发差,可再次用碱溶液涨发后,用清水漂清碱味即可烹调(燕窝的烹调一般是作汤菜。用冰糖制羹即冰糖燕窝,用清鸡汤制羹即清汤燕窝)。

7. 鱼翅的涨发

干制鱼翅的涨发步骤非常复杂麻烦。现市场上有经涨发再干制的半成品出售,其加工方法比较简单容易,即将半成品鱼翅放入温水中浸泡回软,即可烹调。

二、烹调技法

烹调是制作菜肴的专门技术。"烹"就是"化生为熟","调"就是调和滋味。也就是说烹调是将经过加工整理的烹饪原料,在加热中加入调味品而制成菜肴的一门技术。

(一)火候与油温

食物原料在烹调加热过程中所运用的火力强弱,以及用火时间的长短称火候。火候是烹调的重要环节,是决定菜肴质量的重要原因之一。在烹制菜肴时,由于原料有质地、形状之分,因此火候也应随之改变。

食物在经过初加工后,大部分要进行热加工,因此,热加工就成为整个烹调过程的中心环节。热加工的关键在于正确掌握火候。如果火候掌握不准,即使好的原料也不能烹制出好的菜肴来。俗话说:"三分技术七分火",说明了火候在烹调过程中的重要作用。火候掌握得是否恰当适宜,这是保证菜肴的性质、颜色、形状和营养等的关键。

1. 火力的分类

所谓火力的分类是指火力的强弱而言。一般火力可分为旺火、中火和小火三大类。

(1)旺火适用于急速烹制菜肴,能使菜肴达到脆嫩爽口,如爆、炒、蒸等烹调方法。

(2)中火适用于快速烹制菜肴,能使菜肴达到鲜嫩脆软,如炸、熘、蒸等烹调方法。

(3)小火适用于长时间地烹制菜肴,能使菜肴酥烂、味醇,如炖、焖、煨等烹调方法。

烹调技术是一项复杂的技术,要恰当掌握好火候,必须依靠熟练的烹调技术和丰富的烹调经验来灵活掌握。

2. 掌握火候的原则

在菜肴加热过程中,由于原料质地和形状大小的不同,成品菜肴的质量标准不同,必须采用不同的火候,如表7-1所示。

3. 油温

油烹是常见的加热方法。不同的原料进行不同方法的烹调,必须用不同的油温。通常人们把油温分成四种:

(1)低温油:100℃以下,用以发料焐油。

(2)中温油:100～150℃,用以滑油(或叫拉油)。

(3)热油温:150～180℃,用以走油(或叫炸)。

(4)高油温:180～240℃,用以爆(或复炸)。

(二)调味

调味就是通过各种调味品的组合运用来影响原料,使菜肴具有多种口味和风味特色。

表 7-1　菜肴加热的不同火候

可变因素		火力	加热时间
原料性状	质老或形大	小	长
	质嫩或形小	旺	短
制品要求	脆嫩	旺	短
	酥烂	小	长
	制汤取汁	旺(白汤)小(清汤)	长
加热方法	以油为介质	旺(中小)	短(较长)长
	以水为介质	旺(小旺)	长(较长)短
	以蒸气为介质	旺→中	长(较长)
烹调方法	爆、炒、熘	旺	短
	炸	旺	较长
	烧	旺→中→旺	长
	炖、焖、煨、	旺→小	长

1. 味的分类

味可分为基本味和复合味。

1) 基本味

就是单一原味。菜肴的口味虽然千变万化,但都是由几种基本味复合而成,所以基本味又称"母味"。基本味可以分以下几种:

(1)咸味:是基本味的主味,也是各种复合味的基础味。绝大部分菜肴都离不开它。调味时只要在咸味的基础上,根据具体情况与其他基本味相互配合,便能完成菜肴的调味。如糖醋味的菜肴,虽是甜酸味,但必须加盐,甜酸味才醇正鲜美。如不加盐,反而不好吃。俗话说"珍馐百味离不开盐"、"无盐不是味"、"盐是百味之王",均说明咸味在调味中的重要作用。咸味的调味品主要有盐、酱油等。

(2)甜味:按其实际用途来讲,仅次于咸味。尤其是在我国南方,甜味使用较为广泛。在烹调中除咸味以外,甜味是唯一能独立调味的基本味。甜味能增强菜肴的鲜味,调和诸味,并有增香解腻,使复合味增浓的作用。但如使用量过多,反而会压味或抵消其他味道,破坏菜肴本身所具有的鲜味,甚至抑制食欲。甜味的调味品有糖、麦芽糖以及果酱等。

(3)酸味:是很多菜肴调味中不可缺少的味道。尤其是烹调鱼类菜肴时更加重要。这是因为酸味有增鲜除腥的特殊作用,这是其他基本味所不及的。酸味还有促进钙质和蛋白质类物质分解,保护维生素,刺激食欲,帮助消化的功能。酸味的调味品有醋、酸梅、山楂、柠檬等。

(4)辣味:辣味除辛辣以外,具有强烈的刺激性和特殊的芳香,能除腥、解腻、帮助消化、刺激胃液分泌、增进食欲。辣味的调味品主要有干辣椒、辣椒粉、四川豆瓣辣酱、泡辣椒、辣油、胡椒粉和生姜、大蒜等。

(5)苦味:苦味在调味中是一种特殊的味道,一般人并不喜欢。如在烹制菜肴时,略加一些带有苦味的调味品,可使菜肴具有一种特殊的香鲜滋味。苦味的调味品主要有杏仁、陈皮、白豆蔻、茶叶等。

(6)鲜味:鲜味可增加菜肴的鲜美滋味,但鲜味只有在咸味的基础上,才有最佳的效果。鲜味的调味品主要有虾子、蚝油、味精、鲜汤以及鸡精。

(7)香味:香味可使菜肴具有芳香气味,有增香、解腻、压异味、引诱和刺激食欲的作用。但香味如过浓,却会压抑鲜味,甚至影响人的食欲。香味的调味品主要有茴香、桂皮、酒糟、五香粉、香菜及香精等。

(8)麻味:麻味具有特味的刺激作用,主要调味品有花椒,它能解腻、起香、去寒。

2)复合味

复合味是由两种或两种以上的基本味复合而成,亦称复合美味。我们烹制的菜肴除单一的甜菜以外,几乎都是复合味。复合味品种繁多,是由各种调味品合理搭配而成的。我国四大菜系中的川菜,就是以其调味复杂而出名的,有百菜百味、一菜一格的特点。

2. 影响味觉的因素

(1)温度。味觉感受的最佳温度为 10～40℃,其中 30℃时感受最敏感。在 0～50℃的范围内,随着温度的升高,甜味和辣味增强,咸味和苦味减弱,酸味不变。咸、甜、酸、鲜等几种味,在接近人的体温时,味感最强。一般热菜的温度最好在 60～65℃。炸制菜肴可以稍高些。凉菜的温度最好在 10℃左右,如果低于这个温度,调味品投放的量就应多些。

(2)浓度。浓度对味的影响很大。如菜肴太酸或太咸,会使人难以入口。一般盐在汤菜中的浓度以 0.8%～1.2% 为宜,在炒菜中以 1.5%～2.0% 为宜;少于这个量,菜肴就淡,并使其他味也难以体现;大于这个量,就会令人感到太咸。

(3)生理条件对味觉的影响。不同年龄、性别、职业的人,对味的感觉是不一样的。通常,幼儿比成年人嗜好甜食,女性比男性喜欢酸味,而体力劳动者爱吃口感重些的咸味。

(4)个人嗜好对味觉的影响。这主要是受人们所处的地理环境、自然气候所影响。我国素有"北咸、东甜、西辣、南苦(清淡)"的说法。

3. 掌握调味的原则

(1)下料必须恰当适时。一般烧菜时,黄酒、盐、糖、酱油等调味应先放;醋、麻油、味精等调料应在菜肴即将出锅时放。

（2）严格按照一定的规格调味,使菜肴保持始终如一的风味特色。所谓规格调味,就是指各种调味的配方,各种调味品用量不能多也不能少,应有一定的比例。

（3）必须根据季节的变化适当调节菜肴的口味和颜色。如夏天应使菜肴色淡些,口味亦清淡些;冬天应使菜肴色浓些,口味亦重些;春、秋两季菜肴则应介于冬、夏二季之间。

（4）还必须根据原料的不同性质掌握调味。鲜活原料要突出原料的本味,除了加盐、葱、姜、酒以外,不必加其他调味;烹调方法也尽量采用清蒸、白煮等。带有腥膻味原料,应加重调味手段。对本身无滋味的原料,应适当增加鲜味,如山珍海味原料在调味时,必须用鲜汤以补其鲜味的不足。

（三）上浆、挂糊和勾芡

上浆、挂糊和勾芡是烹调的重要辅助手段,可增加菜肴的营养,丰富菜肴的色泽。

1. 上浆

就是按菜肴特点的要求,在加工成形后的小型动物性质料表面,拌上一层淀粉和蛋液的薄浆,使加热后的原料表面形成浆膜。上浆的种类和方法有如下几种:

（1）水粉浆。由盐、味精、淀粉和原料直接拌和而成,适用于含水量高的内脏（如猪肝、猪腰等）和鳝背等。

（2）全蛋浆。由盐、味精、鸡蛋、淀粉和原料拌制而成,适用于深色菜肴,如茄汁鱼片、鱼香肉丝等。

（3）蛋清浆。由盐、味精、鸡蛋清、淀粉和原料拌制而成,适用于白色菜肴,如清炒虾仁、青椒里脊丝等。

（4）苏打浆。由盐、酱油、白糖、小苏打、鸡蛋、淀粉和原料加适量清水拌和而成,主要适用于质地较老的原料,如牛肉、野味等（放小苏打可以使原料吸水而变得滑嫩）。

2. 挂糊

就是按菜肴的要求将整个或改刀的动物性原料,用淀粉等辅料调制粉糊裹抹,使加热后原料表面形成厚壳。

挂糊的种类和方法有如下几种:

(1)水粉糊。由水和淀粉调制而成,使原料炸制后具有脆硬的质感,适用于干炸、脆熘、炸烹等烹调方法。成菜外脆里嫩,如糖醋排骨、糖醋黄鱼、咕咾肉等。

(2)蛋泡糊。用机械方法打发鸡蛋清起泡,再和淀粉调制而成,亦称高丽糊。用此糊炸制的菜肴洁白、松软、饱满,如夹沙香蕉、高丽明虾等。

(3)蛋清糊。由鸡蛋清和淀粉调制而成。原料挂蛋清糊炸制或再熘后制成的菜肴,具有松软、鲜嫩的特点,如软炸仔鸡、熘虾段等。

(4)全蛋糊。由鸡蛋、淀粉(或面粉)加水调制而成。挂此糊炸制而成的菜肴色泽金黄、松软鲜嫩,如面拖黄鱼、桂花肉等。

(5)蛋黄糊。由鸡蛋黄、淀粉(或面粉)加水调制而成。挂此糊炸制而成的菜肴色泽金黄、酥松鲜嫩,如锅烧鸭、酥炸牛肉等(此糊中加淀粉炸制品呈脆性,加面粉炸制品呈软性)。

(6)拍粉拖蛋糊。原料拍上面粉或淀粉以后,再拖上述几种糊,炸制而成的菜肴色泽金黄、外松软、里鲜嫩,如面拖大排。

(7)拍粉拖蛋液加香脆原料。原料拍上面粉或淀粉后拖鸡蛋液,再加上香脆的原料(如面包粉、芝麻、花生屑等),炸制而成的菜肴外香脆、里鲜嫩,如芝麻鱼排、炸猪排等。

(8)发粉糊。由面粉加水加发酵粉调制而成。炸制成的菜肴外酥松、里鲜嫩,如面拖黄鱼、面拖排骨等。

(9)脆糯糊。发粉糊加猪油(油是发粉糊体积的 $1/6 \sim 1/7$)调制而成。炸制品外酥脆、里鲜嫩,如脆炸鱼条等。

(10)相粉糊。由面粉加淀粉加水调制而成。主要用于脆熘等烹调方法,如糖醋小排骨等。

3. 勾芡

勾芡就是在菜肴接近成熟时,将调好的粉汁淋入锅内使卤汁稠浓,增加卤汁对原料附着力的一种方法。

1)勾芡的种类

(1)厚芡。又分包芡和糊芡两种:①包芡:即芡汁紧包在原料上。一般用于爆炒类菜肴,如清炒虾仁、葱爆鱿鱼等。②糊芡:可使汤菜融和。一般用于烧制的菜肴上,如炒鳝丝、红烧鳊鱼等。

(2)薄芡。又分流芡和米汤芡两种:①流芡:将经勾芡所成的卤汁浇在成菜上流下来。一般用在熘菜上,如糖醋黄鱼等。②米汤芡:通过勾芡,增加卤汁的密度,使原料能浮在汤面上,如酸辣汤、水果银耳羹等。

2)勾芡的作用

(1)通过勾芡可以增加菜肴汤汁的黏度和浓度,使菜肴融和入味,汤汁稠浓,增加菜肴滑溜、柔嫩、鲜美的风味。

(2)通过勾芡,可以增加菜肴的光泽,保持菜肴的鲜度。可以使菜肴在较长的时间内保持丰满的形态。

3)勾芡的要领

(1)勾芡必须在菜肴即将成熟时进行。不能太早也不能太迟。如太早,菜肴是生的;如太迟,菜肴因过熟而影响质量和口感。所谓即将成熟,也就是在断生时进行。

(2)勾芡时必须将锅中的汤水、颜色、口味都调整好。

(3)勾芡时菜肴上的油量不宜过多,过多要卸芡。

三、烹调与营养

(一)人体必需的营养素

人吃食物是为了获得营养素,以保证人体的新陈代谢活动。营养素包括蛋白质、脂肪、糖类、维生素、无机盐和水六大类。

1. 蛋白质

蛋白质是人体的基本组成部分。人对蛋白质的需求量,与年龄、劳动强度和生理状况有关。一般成年人每天每千克体重约需1~1.5克蛋白质;儿童和青少年,由于处在生长发育期,需求量较大,每天每千克体重约需2~4克蛋白质。如蛋白质摄入量不足,会影响生长发育,或免疫力下降;如蛋白质摄入量过多,则增加肝脏负担,并引起肥胖。

含蛋白质丰富的食物有肉类、禽类、鱼类、蛋类、乳类以及大豆及其制品。

2. 脂肪

脂肪主要有三大作用:

(1)它是人体的能量"仓库",可根据人体的需求状况,储存或释放能量。

(2)它能缓解外力对人体的冲击,从而保护体内各器官和组织。

(3)它能保证人体的恒定。一般人每天摄入50克左右脂肪,即可满足需求。摄入脂肪过量会引起滞食和消化不良,影响人体对钙、铁等营养素的吸收,并使身体肥胖,导致高血脂和动脉硬化。但摄入脂肪过少,则会妨碍人体对脂溶性维生素的吸收,引起皮肤干燥等疾病。

人体脂肪来源于各种动物油脂和植物油脂,膳食结构中必须有一定比例的动物油脂和植物油脂,才能保证正常需求。

3. 糖类(碳水化合物)

糖类是人体最主要的能量供给物质,它对维持人体各系统的正常功能,增强体力,提高工作效率有极重要的意义。膳食中糖的供给量主要根据各人的饮食习俗、生活水平、劳动性质及环境因素而定。一般认为,糖类占膳食总热量的60%~70%为宜。过量食用糖类会引起肥胖,对健康不利。但长期摄入量不足,会造成低血糖,引起大脑功能障碍,出现昏迷、痉挛,甚至死亡。

膳食中的糖类主要来自谷类、豆类和块根茎类蔬菜,其次来自食糖、糕点、水果和蔬菜。

4. 维生素

维生素对人体生命活动起着"四两拨千斤"的作用,即人对维生素需求量虽然极微,但却绝对不可缺少。维生素的种类很多,一般按其溶解性不同,可分为水溶性(维生素 B、C、PP)和脂溶性(维生素 A、D、K、E)。水溶性维生素溶于水,吸收后在体内储存很少,过量时会随尿排出。脂溶性维生素溶于脂肪而不溶于水,吸收后可在人体内储存起来。从营养角度看,较易缺乏的维生素有维生素 A、D、B_1、B_2、PP 和 C。下面择要做些介绍:

(1)维生素 A。维生素 A 可维护人体的正常视力和上皮组织的完整和健康,促进儿童和青少年的生长发育,增强人体免疫力和具有抗癌的疗效。含维生素 A 丰富的食物是各种动物的肝脏、鱼类、奶类和禽类,其中以河鳗和贝类中含维生素 A 最多。植物性食物中含有维生素 A 的前体——胡萝卜素,在人体内可转变为维生素 A,但人体对胡萝卜素的吸收率和生理效能低于维生素 A。含胡萝卜素丰富的一般是有色蔬菜,如胡萝卜、香菜、油菜、草头、香菇、豆苗、辣椒,以及水果中的杏、李、柿子、葡萄、香蕉、红枣等。

维生素 A 在油脂中较稳定,一般烹调方法不会破坏它,但在空气和汤类中容易被氧化而受损失。

(2)维生素 D。维生素 D 能调节和帮助钙、磷在人体中的代谢和吸收,使骨骼和牙齿正常生长,它对儿童和乳母尤其需要。维生素 D 主要存在于动物的肝脏及蛋黄、鱼肝油等食品中,它溶于脂肪,在中性及碱性溶液中能耐高温,但在酸性的溶液中易分解。一般烹调方法对其影响较小。

(3)维生素 B_1。人体如缺乏维生素 B_1,会引起胃肠消化系统的疾病,出现嗜睡、记忆力减退,反应迟钝等神经性疾病症状,严重时还会引起心肌收缩力减弱、心衰竭、血管扩张等心血管系统的疾病。

维生素 B_1 含量丰富的食物有谷类,尤以杂粮为高。此外,在豆类、酵母、干果、硬果、动物内脏、蛋类、瘦肉中的含量也很丰富。

过分淘米和过度的加热,容易造成维生素 B 和其他维生素的损失。

(4)维生素 B_2。维生素 B_2 能促进人体蛋白质、脂肪和糖的代谢,促进生长和维护皮肤、眼睛、口舌及神经系统的正常功能。如缺少维生素 B_2,会引起口角溃疡、唇炎、舌炎、角膜炎和视力下降等疾病。

维生素 B_2 的食物来源主要是动物内脏、乳蛋类,以及河蟹、黄鳝等水产;在豆类、菌藻类、酵母中含量也较高。维生素 B_2 溶于水,耐热性强,在烹调中不易被破坏,但易被阳光和碱所破坏。所以,为了防止维生素 B_2 的损失,食品应尽量避免在阳光下曝晒,在烹调中尽量不用碱。

(5)维生素 PP(又称尼克酸)。维生素 PP 在人体中具有调节神经系统、胃肠道和表皮活动的功能,如缺乏会引起皮炎、腹泻及痴呆、口舌等炎症,以及胃肠功能紊乱和精神失常等症。

维生素 PP 含量丰富的食物有花生、谷类、豆类和酵母,以及动物肝脏和肉类。

维生素 PP 溶于水,性质较稳定,不易被酸碱、热所破坏,故一般烹调方法对其影响较少。

(6)维生素 C(又称抗坏血酸)。维生素 C 是活性很强的还原物质,参与体内的重要生物氧化过程,能提高机体的工作能力,维持牙齿、骨骼、血管、肌肉的正常发育和功能,促进伤口愈合,增加人体内抗体,促进造血机能。维生素 C 还有解毒、降低血清胆固醇和抗癌的作用。维生素 C 缺乏可引起坏血病。

维生素 C 广泛存在于新鲜蔬菜及水果中,特别在猕猴桃、鲜枣、沙田柚、山楂和橘子中含量极其丰富。

维生素 C 易溶于水,易氧化,在碱性溶液中易被破坏,但在酸性环境中却较能耐热,在烹调中要注意尽量使其少受损失。

5. 无机盐

无机盐在食物中分布很广,一般都能满足人体的需要,但如果膳食调配不当,人体缺乏无机盐的话,会引起某些疾病。我国人民

膳食中较易缺乏的无机盐有钙、铁和碘等,下面摘要作些介绍:

(1)钙。钙是构成身体骨骼和牙齿的主要成分,对儿童和青少年成长发育尤其重要。钙对血液的凝固、心肌的搏动、神经细胞的正常活动都起着重要的作用。钙的缺乏会造成骨骼、牙齿生长不良,以及神经和肌肉的兴奋性增高,从而引起"抽搐"。

含钙量丰富的食品有虾皮、虾米、鱼类、奶及奶制品、鸡蛋、海带、紫菜、大豆及其制品和部分绿叶菜。动物性食物中的钙较易被人体吸收,尤其是乳类食品。

食品中的植酸、草酸及脂肪酸易与钙生成不溶性钙,从而影响人体对钙的吸收。由于谷类含植酸较多,膳食以谷类为主时,应多补充些钙。蔬菜中的马兰头、菠菜、苋菜、蕹菜、茭白、竹笋等含草酸较多,应在水中焯去部分草酸后再食用。

(2)磷。磷也是构成骨骼和牙齿的成分,它和钙共同使骨骼和牙齿具有坚硬的特性。磷也是组织细胞中很多重要成分的原料,还参与物质能量代谢,如糖和脂肪的吸收、代谢都需要磷。另外,对人体内能量的转移和酸碱平衡的维持,都有着重要的作用。

含磷丰富的食物有乳类、蛋类、肉类以及豆类和绿色蔬菜。

(3)铁。铁是构成血红蛋白、肌红蛋白、细胞色素的主要成分,并参与人体内氧的运转交换和组织呼吸过程。如缺铁,人体内血红蛋白的生成会受到影响,从而引起缺铁性贫血等疾病。我国居民膳食多以谷类和蔬菜等为主,铁的吸收率较低,容易引起贫血,特别是婴幼儿和妇女,应注意补充。

含铁量高的食物有动物的肝脏、瘦肉、蛋黄和豆类及绿叶蔬菜。动物性食物中的铁较易为人体吸收。植物性原料中的植酸、鞣酸或磷酸会与磷合成不溶性铁盐,影响人体吸收,而含维生素C丰富的食品则能促进人体对铁的吸收。对此,在食物的配伍和烹调中应予以重视。

(4)碘。碘是甲状腺素的重要成分,而甲状腺素具有调节人体热能代谢和产热营养素的合成和分解功能。碘的缺乏会引起甲状腺肿大(俗称大脖子病)。孕妇缺碘,可使产儿发生克汀病(呆小病),表现为生长迟缓、智力低下、皮肤变粗糙及浮肿、皮肤干燥并有皱纹。

含碘丰富的食物有海带、紫菜、海蜇等海产品。

(5)氯化钠(食盐)。氯化钠的主要功能是维持人体内水的平衡,维持渗透压及酸碱平衡。它与肌肉的活动有密切关系。氯还是胃酸的主要成分。人体缺乏氯化钠时,会引起肌肉软弱无力、容易疲劳,乃至发生肌肉痉挛。膳食中,氯化钠起调味作用,可增进食欲,但摄入量过多会引起心血管疾病。氯化钠的来源主要为食盐和味精等调味品。

6. 水

人体的70%是由水组成的。人体的生命活动离不开水。人体失水超过20%便无法维持生命。水能促进身体内营养素的消化、吸收和代谢,并能调节人体体温。人体缺水或失水过多,则消化液分泌减少,食欲减退,并使体内各种营养物质的新陈代谢减慢,血液中的代谢废物浓度增大,出现精神不振、乏力及其他严重反应。人体需要的水,一半来自饮料,另一半来自饭菜中所含水分和食物在体内氧化代谢过程中所产生的水。

(二)营养配膳

营养配膳是指由多种食物构成的膳食,不但能为人体提供足够数量的热能和各种营养素,满足人体正常生理需求,而且各种营养素之间保持合理的结构,故又称为"平衡膳食"或"合理膳食"。

1. 营养配膳的基本要求

营养配膳必须包括以下几个原则:第一,膳食中的热量和各种营养素必须满足进餐者的生理和劳动的需要。第二,食物尽可能多样化,以保证各种营养素的充分供应。第三,食物必须进行科学烹调,使营养素免遭损失。第四,必须有合理的膳食制度,养成良好的膳食习惯(如合理地安排每日的餐次、每餐之间的间隔时间,以及每餐的数量及质量),使进餐与日常生活规律和生理状况相适应,并使进餐和消化过程协调一致。第五,膳食还需色、香、味俱佳,这样才能促进食欲,有助于消化吸收。第六,食品必须无毒无害,符合食品卫生法要求。

2. 营养配膳的食物内容

(1)粮食类(包括薯类)。这类食物主要是供给淀粉,其次是供给蛋白质、无机盐和维生素,也是膳食纤维的重要来源。这类食物是人体热能的主要来源,但蛋白质含量不足。人每天摄入粮食的数量,应与热能需要相适应,最好粗细粮搭配、多种粮食混合食用。

(2)蛋白质食品类。这类食物包括各种肉、鱼、禽蛋、大豆及豆制品等。它们主要供给优质蛋白质和脂肪,也供给一部分无机盐和维生素。在一天进食的蛋白质中,豆类和动物性蛋白质数量,应占全部蛋白质供应量的 1/3 以上为宜。

(3)蔬菜和水果类。这类食物主要供给维生素、无机盐和膳食纤维。如食物中缺少蔬菜,则钙、铁、胡萝卜素、维生素 B、维生素 C 及食物纤维都将不足。食物中蔬菜品种越多越好,尤应多食用绿叶蔬菜,并经常食用红、黄色蔬菜。水果应多选食柑橘类的酸味水果。

(4)油脂类。这类食品主要提供热能、不饱和脂肪酸和部分脂溶性维生素。

3. 营养配膳的基本标准

一般讲,平均每人每月应食谷类 15 千克、薯类 3 千克、蔬菜 15 千克、大豆 1 千克、肉类 1 千克、鱼类 500 克、食油 300 克、再加上一定数量的乳类、禽类、食糖和水果,基本可满足平衡膳食的要求。

4. 科学配菜的方法

一盆菜的营养价值是由主料、配料、调料及烹调方法等多方面因素决定的。要提高菜肴的营养价值,就应在配菜方法上加以注意。

(1)菜肴的数量搭配。由一种原料构成的单一菜,选料要精细,要突出主料的肥美、鲜香和鲜嫩的特点,而且菜肴的数量与器皿大小要协调。但一般情况下宜少配或不配单料菜,因为它含营养素不全。在不影响传统风味的情况下,应尽可能加入数量不等的辅料,以求具有较为全面的营养成分。

(2)菜肴的营养搭配。配菜的目的是要提高菜肴的营养素含量和种类,使食用者摄取更多、更全面的营养。一般动物性原料与植物性原料的营养成分差别较大,两者配合有很好的互补效果。另外,应注意多配一些人体易缺乏和易损失的营养素,如多配些含维生素 C 丰富的新鲜绿叶蔬菜、青椒、番茄或酸性水果,及多配些含铁丰富的肝脏、牛肉等。

(3)菜肴色、香、味、形的搭配。菜肴的色泽搭配要注意使主料和配料色泽协调,并突出主料,使烹制出的菜肴美观大方,诱人食欲。同时还应注意在烹调加工时原料色泽的变化,以免影响菜肴的外观,但切不可滥用化学合成色素。

在菜肴味的搭配上,不管是单一味和复合味,应能满足不同食者的要求。

菜肴形的搭配也是配菜的一个重要环节。形的搭配原则是辅料的形状要能衬托主料的形状,使主料突出。

总之,科学配菜必须做到外观悦目、味美可口、营养丰富、符合卫生标准、食用价值高。

5. 合理烹饪

食物在烹制过程中,会发生综合性的物理和化学反应。如在加热过程中,会使一些营养素受到破坏;在切洗过程中,维生素和无机盐会溶于水而流失。对此,可采取如下一些减少损失的措施:

(1)合理洗涤。在淘米时,不要用流水冲洗或热水淘洗。用冷水淘洗的次数也不宜过多,并避免用力搓洗(宜尽量用不淘洗米)。蔬菜要先洗后切,不宜多洗,以干净为度。对受农药、化肥污染的蔬菜,可用淡盐水浸泡半小时左右。炒菜前不要用水泡切好的菜。不要用开水煮菜。不要挤去菜汁。

（2）科学切配。各种烹饪原料应先洗后切，以减少营养素的损失。原料应现切现烹，使营养素少受损失。对烹饪原料切配的数量要估计准确，一次做菜，一餐吃完，不留作第二天食用。

（3）沸水烫料。有时为了除去原料的异味，增加色香味或调整各种原料的烹调成熟时间，许多原料要作水烫处理。水烫时间一定要水多火大，加热时间短，操作速度快，这样才能减少维生素的损失。经水烫的原料还可除去草酸，利于人体对钙的吸收。

（4）上浆挂糊。原料经用淀粉和鸡蛋调成的糊浆处理后，在加热中可以防止和减少原料中的水分和营养素的溢出，这样不仅保证了菜肴的营养价值，而且使烹制出来的菜肴色泽好、味道鲜，利于消化吸收。

（5）勾芡保护。勾芡不仅能使汤汁浓稠，与菜肴融和，还可以避免营养素的损失。

（6）适当加醋。维生素 B、C 会被碱破坏，但能在酸性液体中稳定，故烹调中加醋能保住它们。凉拌菜提前放醋还有杀菌消毒的作用。动物性原料在加热中加醋，如制作糖醋鱼块、糖醋排骨等，可以促进原料中钙质的分解，利于人体吸收。

（7）酵母发酵。用鲜酵母发酵面团，不仅可保住维生素，酵母菌的大量繁殖还可增加面团中 B 族维生素。同时，酵母还能分解面粉中所含的植酸盐，有利于人体对钙和铁的吸收。

（8）旺火速成。烹制菜肴采用旺火速成，既可减少食品原料在烹调时营养素的损失，又能使菜烧熟，符合卫生要求。

如将猪肉切成丝，旺火急炒，其维生素 B_1 保存率为 87%、维生素 B_2 保存率为 49%、维生素 PP 保存率为 55%；如将猪肉切块，用文火炖，维生素 B_1 保存率为 35%、维生素 B_2 保存率为 59%、维生素 PP 保存率为 25%。用旺火急炒青菜其维生素 C 的保存率为 60% ~ 70%。

还需注意的是，原料在旺火速成时加盐不宜过早，否则会使水溶性营养物质遭受氧化或流失。

第八章　家常点心的制作

点心最大的特点是食用不受时间的限制,它一般不作正餐食用,而以早晨、午后、夜晚食用为多。点心通常用麦类、米类、杂粮类、果蔬类等作为主要原料,并配以各种馅心及其他辅料,制成包、饺、糕团、面、饼、酥、条、羹、粥等,用来点饥或调剂口味。

一、点心的常识

(一)点心的分类

家庭点心通常按成熟的方法进行分类,主要为蒸、煮、煎、烙、炸、烘及复合加热法。

(1)蒸。即用水蒸气传热的一种成熟方法。其成品松、软、滑、糯,一般适用于包子、蒸饺、花卷、烧卖、水晶饼、小笼包等点心。

(2)煮。即用大量水传热的一种成熟方法。其成品爽、滑、软、糯、冷,并带有一定的汤水和冷冻的特点,一般适用于饺子、馄饨、面条、汤圆、芝麻糊、杏仁豆腐、水果冻等点心。

(3)煎。即用少量油与水传热的一种成熟方法。其成品特点为部分软嫩、部分焦香的特点,一般适用于牛肉煎包、生煎、锅贴、家常油饼、南瓜饼等点心。

(4)烙。即用金属锅底传热的一种成熟方法。其成品具有外香、内软的特点,一般适用于煎饼、春卷皮、米饭饼、油饼等点心。

(5)炸。即用大量油传热的一种成熟方法。其成品具有松、酥、香、脆的特点,一般适用于麻球、馅饼、春卷、萝卜丝油墩子、油条等点心。

(6)烘。即用空气对流和辐射传热的一种成熟方法。其成品特点为香、酥、松、软、脆,一般适用于蛋糕、面包、月饼、黄桥烧饼等点心。

(7)复合加热法。即用两种以上方法使成品成熟。其成品具有两种不同方法成熟制品的综合特点,所制点心范围较广,如炒面、油煎馄饨、伊府面等。

二、家常点心的制作

(一)家庭早夜点心

根据人体生理特点,早晨要吃饱,可全部吃点心或搭吃稀饭,并配上粥菜。点心的品种应选择软、糯、滑爽之类的。点心的规格以每件50克较适中,每人通常可配150克。夜宵点心标准以每人配100~150克为宜。夜宵点心可采用汤水、茶、羹之类。

两只以上点心应有咸、淡搭配,并须注意掌握不同的成熟方法,不同的馅心和不同的口味。同时,还须掌握季节时令,根据不同家庭的生活习惯,列出点心单。

如食用粥菜,应选用冷、咸、干菜之类,并经常更换品种。

(二)家庭筵席点心

点心的成本价格应占整桌的6%左右,一般以2~3道点心为宜,并根据主人的宴请性质,开出点心单。

点心的配制要注意合理的搭配,如甜、咸搭配,干、湿搭配,各种不同馅心搭配,不同性质面团的搭配,不同成熟方法的搭配,不同形态的搭配。点心的规格以小巧、精、细为佳,并要掌握筵席的节令性,以及宴请的性质。点心的上桌顺序原则,一般为先咸后甜、先干后湿。

(三)几种家庭常用点心的制作方法

1. 鲜肉锅贴

原料:夹心肉糜500克,盐12.5克,糖16克,味精6克,料酒5克,葱姜末、麻油、胡椒粉各少许,面粉1000克,油100克。

制作过程:

(1)将肉糜放入盆内,加盐后顺着一个方向搅拌上劲,然后加酒、清水(200克)搅拌,再加入糖、味精、葱姜末、胡椒粉,拌匀后洒上麻油,再搅拌均匀即成鲜肉锅贴馅。

(2)将面粉先放在容器内,加沸水325克和成面团,让面团内热气散尽后再揉匀搓条,摘成80只坯子,用双手棍擀成直径6厘米左右的皮子;继之放上10克馅心,将皮子对折捏拢,成月牙形的生坯。

(3)将平锅烧热,再放油烧热后,将生坯整齐地排列在平锅内,略煎片刻,放入200克水,盖上锅盖,用旺火煎5~6分钟,再用小火煎2~3分钟,水干即熟,然后再煎至锅贴底部金黄色,即可起锅装盆。

2. 糯米烧麦

原料:糯米500克,夹心肉200克,糖50克,酱油50克,味精5克,料酒2克,葱25克,姜末、胡椒粉少许,汤水500克,熟猪油150克,面粉500克。

制作过程:

(1)将糯米淘洗干净,用冷水浸泡12小时,然后沥干水分,上笼蒸熟;再将猪肉切成小丁,葱切成葱花,待用。

(2)将锅烧热,放入猪油,将肉下锅煸炒至断生后,加料酒、酱油及糖,焖烧至熟;然后加入汤水、盐等调味料,煮至汤滚,再倒入熟糯米饭拌铲均匀,待汤汁被糯米涨干时,加入猪油、葱花拌和,待出锅冷却即成糯米烧麦馅。

(3)将面粉放入盆内,加沸水200克拌和成雪花片状,再洒入50克冷水,均匀揉合;待揉至面团光滑后,搓条摘坯,使每只坯约重15克左右;然后用烧麦棒将坯擀成直径约11.5厘米(3.5寸)左右、荷叶边、金钱底的皮子。

(4)在皮子中放入35克馅心,然后捏成白菜形烧麦生坯,用旺火足汽蒸7分钟左右,即可上席。

3. 豆沙锅饼

原料:面粉500克,豆沙1 000克,油750克(实耗200克),鸡蛋2只。

制作过程:

（1）将面粉放入盆内，逐渐加入冷水850克及鸡蛋拌成薄糊状。

（2）将炒菜锅烧热抹上少许油，然后倒入面酱250克，立即将锅端起转动，使面酱摊成直径24厘米（8寸）左右、厚薄均匀的蛋粉糊皮子，皮子上放150克豆沙后铺平，包成长16厘米、宽12厘米的长方形饼，并沿边用少许面酱粘住，以防炸时散开。

（3）将炒锅烧热，放生油烧至六成熟时，将馅饼放入炸至金黄色后，捞出沥干油，放在砧板上用刀轻轻拍一下，使馅心铺至四周，然后顺长切一刀，再横切成12块，整齐地放在盆中即成。

4. 葱油花卷

原料：面粉500克，干酵母4克，发酵粉8克，油50克，葱花50克，盐少许。

制作过程：

（1）将面粉放入盆内后，加入酵母、发酵粉及温水250克和成面团揉匀揉透。

（2）将面团擀成长方形薄片（厚度约0.6厘米），抹上油、撒上盐及葱花，自上而下卷紧，用刀切成重约75克的坯子，捏成马鞍形花卷，放在蒸格内发30分钟，再用明火足汽蒸15分钟即可出笼。

5. 水晶饼

原料：麦淀粉500克，糖100克，豆沙350克，色拉油30克。

制作过程：

（1）将麦淀粉放入盛器内，放入糖，加沸水750克后用木棍不断搅拌，泡至熟粉，乘熟揉透揉匀成澄粉面团。

（2）将面团分割成7只坯子，每只坯子放入豆沙10克后捏拢收口，然后用手揿扁放在木模内，再倒出模即成生坯。

（3）将水晶饼排列在蒸笼内，用明火足汽蒸5分钟，出笼时，在饼面上涂一层麻油即成。

6. 韭菜水饺

原料：夹心肉糜500克，韭菜250克，料酒3克，细盐20克，味精 10 克,糖 15 克,面粉 1 000 克。

制作过程:

(1)往肉糜中加盐、糖、味精、酒及水 150 克搅拌上劲。韭菜去除杂物后洗净切碎,并和肉糜拌在一起成水饺馅。

(2)将面粉放入盆内,加冷水 250 克拌和,揉成面团,盖上湿布静置片刻,然后再搓条摘成重约 9 克的坯子,再擀成直径 5 厘米的圆形皮子,中间放入韭菜肉馅 10 克,用双手捏合成木鱼形。

(3)往锅内放清水,用旺火煮滚后,将水饺下锅;用手勺轻轻推动,待煮到水饺外皮鼓起浮在水面上时,再加少许冷水稍煮片刻,至水饺表面颜色呈半透明状即熟。

(4)食用时可蘸醋或辣椒酱。

7. 西米奶露

原料:泰国小西米 225 克,炼乳 1 罐,湿淀粉 30 克。

制作过程:

(1)往锅内放 1 500 克水,烧开后放入小西米,煮沸时掺入少许冷水再煮沸。反复几次至小西米呈透明状,然后倒入笊网内沥干水分,再用冷水冲(进行冷却),使小西米互不粘连。

(2)再一次往锅内放 1 000 克水,烧开后倒入小西米煮沸,再倒入炼乳煮沸,用湿淀粉勾薄芡,盛入汤碗,即可上席。

8. 杏仁豆腐

原料:琼脂 25 克、炼乳半罐,什锦水果适量,冷糖水 1 000 克、杏仁霜 15 克或杏仁香精数滴。

制作过程:

(1)将琼脂先用冷水浸泡至软待用。

(2)往锅内放 1 000 克清水,烧开后放入琼脂,煮至琼脂溶化后倒入炼乳,再煮沸后放上几滴杏仁香精或杏仁霜拌匀,冷却凝冻待用。

(3)将冷却的杏仁豆腐切割成小块放入盛器内,上面用什锦水果点缀,并放入糖水,即可食用。

第九章　服装洗烫技术

俗话说："人要衣装,佛要金装"。保持衣着整洁、美观、大方是每个人的心愿。要做到这点,就离不开服装的洗涤和熨烫。

由于化学纤维的快速发展,使人们的穿着已发生根本性的变化。如今,轻纺织品五花八门,名目繁多,性能又各不相同,这就给衣服的清洗、整理带来许多问题。要洗烫好由各种纤维织品缝制成的各式服装,必须根据不同的衣服面料,采取不同的洗烫方法,并掌握如何正确洗涤、熨烫和保管。

一、纺织纤维的分类、性能及鉴别方法

(一)纺织纤维的分类

目前市场上纺织纤维分为两大种类。第一类是天然纤维,其中又有动、植物纤维之分,如棉、麻等属植物纤维;羊毛、骆驼毛、兔毛、蚕丝等属动物纤维。第二类是化学纤维,其中又有人造和合成纤维之分,如人造纤维有人造棉、人造毛、人造丝等;合成纤维有锦纶、涤纶、腈纶、氯纶、维纶、丙纶等。

(二)各类纺织纤维的性能

1. 植物纤维的性能

(1)棉纤维吸湿性好,而且穿着透气、吸汗、舒适。棉布耐碱不耐酸,所以平时用含有碱性的肥皂和普通洗衣粉洗涤不会损坏面料,但一定要避免与酸接触。

(2)麻纤维吸湿性好,透气、凉爽,挺括不沾身,耐磨性比棉布强,但缺少棉布的柔软感。一般适用做夏令服装。与棉布相同,麻纤维也耐碱不耐酸。

2. 动物纤维的性能

动物纤维主要成分是蛋白质,又称蛋白质纤维。主要用于高级服装的原料,历来为人们所珍爱。

（1）羊毛纤维坚牢耐穿,穿着寿命一般比棉布要高好几倍。羊毛纤维质量轻,保暖性好、挺括。毛料服装经过熨烫后呢面平整,折痕持久挺直,还具有良好的透气性和吸湿性,手感柔软不易玷污,富有弹性,不易褶皱变形,羊毛纤维不易着火燃烧,并有一定的抗酸腐蚀性能。但羊毛怕碱,遇碱后会溶解,所以毛织品在洗涤时不宜用热肥皂水,应用中性洗涤剂在温水或冷水中洗涤。羊毛也怕太阳晒,太阳光中的紫外线会破坏羊毛的组织成分,使羊毛泛黄,弹力下降,失去光泽。因此洗涤后的羊毛织品应挂在阴凉通风处晾干,切忌在阳光下曝晒。

（2）蚕丝纤维和羊毛一样,它也是蛋白质纤维,主要成分是丝胶和丝素。蚕丝的特点是丝素具有光泽,吸水性也较强,光彩夺目,保温、柔软、滑爽。蚕丝的性能有两怕:一是怕碱,如浸在 10% 的烧碱溶液中只要 10 分钟就溶化了。因此,在洗涤时应注意不要用碱性的肥皂和洗衣粉,更不能在高温下洗涤,以免影响光泽。二是怕阳光,日光中的紫外线会破坏丝纤维的结构,使丝纤维脆化,从而使其强度明显下降。所以丝织品洗涤后不宜在日光下曝晒,宜阴干。

3. 化学纤维性能

化纤的特点:一是结实耐磨强度比较高。二是抗褶皱性好,不容易打褶,在一定条件下经过热定型处理,就可使织品或衣服的褶痕在冷却后固定下来,即使经过多次洗涤基本上不消失。三是大多数化学纤维吸湿性都差,一般不宜用来做内衣。四是摩擦时容易产生静电,容易吸附尘土和污物。五是尺寸稳定性好,织物亦易洗易干。此外,它还耐酸碱、耐霉蛀。

（三）各类纺织品的鉴别方法

市场上销售的衣料是多种多样的,一般是靠人的眼睛看（颜色、质地、光泽等）、手摸（质感、厚薄等）、耳听（丝鸣等）来鉴别织物纤维的种类。

（1）纯纺织品。纯纺织品比较容易鉴别,只要对纤维的特性有所了解,就可以较正确地区别织物的种类。混纺织物一般是棉、毛、丝麻等天然纤维与粘胶、涤纶等化学纤维，或者不同种类的化学纤维互相混合在一起纺织而成。

（2）棉涤纺织品。棉涤（棉的确良）光泽明亮色泽淡雅，手摸布面感觉挺爽，光洁平整；富纤布和人造棉布色泽鲜艳，光泽柔和，手摸布面平滑柔软，光洁；维棉布则色泽稍暗，光泽有不匀感，手感粗糙而不柔和。当用手捏紧布料后迅速放开，可以看到涤棉布褶皱最少，并能较快地恢复原状；而人造棉布褶皱最多，也最为明显，恢复也较慢。

（3）化纤与毛混纺品。化纤与毛混纺品的鉴别：纯毛呢绒呢面平整，色泽均匀，光泽柔和，手感柔软而富有弹性，攥紧放松后呢面无褶痕，并能自然地恢复原状。粘胶人造毛与毛混纺的呢绒一般光泽较暗，薄型织物看上去似有棉的感觉，手感较柔但不挺括，攥紧织品放松后有明显褶痕。涤纶与毛混纺品光滑挺爽，但有硬板的感觉，弹性好，攥紧放松几乎不产生褶痕。腈纶与毛混纺呢绒一般织纹平坦不突出，光泽类似人造毛织物，但手感和弹性均较人造毛织品为佳，毛型感较强。锦纶与毛混纺呢绒外观毛型感差，有蜡光泽，手感硬挺而不柔软，攥紧后放松有明显的褶皱痕迹。

（4）化纤丝绸纺织品。化纤丝绸织品的鉴别：市面上较为常见的主要有人造丝、锦纶长丝、涤纶长丝等几种织品。从外观上看，纯真丝织品光泽柔和均匀，虽明亮但不刺目，手摸上去有棘手感、柔软。人造丝织品具有耀眼的光泽，但不如真丝柔和滑爽，而带沉甸甸的手感，但不挺括。涤纶长丝织品光泽较差，表面有如涂了一层蜡的感觉，手感硬挺而欠柔和。用手攥紧迅速放开后，真丝和涤纶丝的织品，因弹性好而无褶痕，人造丝织品有明显的褶痕，并难以恢复原状，锦纶织品虽有褶痕，但尚能缓慢地恢复原状。

二、纺织品的洗涤和熨烫

（一）纺织品的洗涤

肥皂和洗衣粉都能除去油污，可它们各有不同特性。一般说，肥皂的去污能力比洗衣粉大，它能对付各种污垢，这是肥皂的优点。而一般常用的洗衣粉中含有过硼酸钠，因此使用时应先用少量热水（60～80℃）将洗衣粉化开，然后加入冷水调至需要的温度（以40℃左右为好），即可开始洗涤。但是，加酶洗衣粉不能用此方法，因为加酶洗衣粉中的生物酶超过60℃，即要失效，故水温度应低于60℃。

1. 棉麻织品的洗涤

棉麻纺织品都属于植物纤维，它的耐碱性强，抗温性好。可用各种肥皂或洗涤剂洗涤。洗涤温度由织物的颜色而定，一般浅色洗涤温度为50～60℃；深色洗涤温度为40～50℃；对易褪色的宜用40℃左右水温。深色衣服不要在洗涤液内浸泡过久，以免褪色。洗涤时还应根据布织纹组织的特点进行操作：提花织品不宜用硬刷强力涮洗，以免布面起毛和撕破；一般布料应在平整的板上顺着织纹刷洗，这样能保持布面的外观。一般衬衫放入洗涤剂（粉）内浸泡20分钟左右，即可洗涤。毛巾被一般不易褪色，洗前可在冷水内浸泡半小时，然后在50～60℃的皂液内洗涤，浸泡及搓洗时使力要轻、要匀。对被里和床单，由于上面的污垢主要是人的汗液、油脂与灰尘的混合物，且不经常洗涤，所以浸泡时间应长些（4小时左右），可在60℃以上肥皂液内上下拎涮，浸泡20～30分钟后再搓洗或刷洗。洗后，可在较强的日光下晾晒，利用阳光中的紫外线杀菌。

2. 毛纺织品的洗涤

毛料织品洗涤难度较高，掌握不好会出现皱缩变形、手感僵硬或丧失弹性等现象。一般毛料服装在洗前，不要在冷水中浸泡太长，可根据衣服色泽、脏净和厚薄情况分别掌握（一般浸泡10～30分钟），洗涤温度不宜过高（在40℃以下）。切不可在热水中浸泡，以防止羊毛织品弹性下降。羊毛耐酸而不耐碱，洗涤时最好选用中性洗涤粉，洗涤时不要用搓板搓洗，应采取涮洗和大把揉洗的方法，时间不宜过长，以防止纤维相互咬合而产生缩绒。应顺着纹路刷洗,不要拧绞,用手挤除水分后沥干。晾晒应选择阴凉通风处,不要在强日光下曝晒,以防毛织品失去光泽和强力下降。衣服在晾至半干时,再进行一次整形,并且将肩、胸、袋盖等地方,一手在里,一手在外拍打几下。对袖口、前襟、裤脚等处应轻轻拉抻,不使造成褶皱,以便于熨烫。羊毛衫、拉毛围巾都是毛针织品,以洗涤剂或 30 型洗衣粉洗涤较合适,温度在30℃左右。每件羊绒衫和围巾约用洗涤剂 4～5 汤匙,或洗衣粉 2 汤匙,浸泡时间不要过长,最好随浸随洗。应用双手轻轻揉洗,切忌用力。上下拎涮时应拉抻,以免擀毡变形。

3. 丝织品的洗涤

丝织品衣服洗涤应注意如下四个方面,因为它比较"娇嫩",容易发生问题:

(1)真丝织品都属于蛋白质纤维,丝织品在浸湿后伸缩性大,不能承受机械力的作用,所以在洗涤时不要在冷水内浸泡时间过长,用力不要过猛,切忌拧绞。

(2)丝织品的组织结构复杂,一般分为绸、缎、绉、纱四大类,有些品种可以水洗,有些宜干洗不宜水洗,一般来说丝绸不宜使用搓板搓洗,也不宜用洗衣机。

(3)大多数丝织品具有独特的天然光泽,为了保持光泽,洗涤时应选用中性或较高级的洗衣粉或洗涤剂。

(4)多数丝织品色泽很鲜艳,但不坚牢,在光、水、碱、温度、机械力等作用下,都有可能使织物出现褪色现象,所以应在低温水(30℃)或冷水中洗,速度应快些,要随浸随洗,还应注意不要使衣服部分露出液面。由于丝织品染色牢度差,它和毛料同样怕碱不怕酸,而日常用的洗衣粉中或多或少含有碱的成分,在投洗过三四次清水后,最好放入含有酸的冷水内(可滴加点醋酸或白醋),浸泡投洗 2～3 分钟,这样既可中和残存衣服内的皂碱液,又能改善衣服的光泽,对织物起一定的保护作用。

纺织品洗涤的温度和时间见表 9-1。

表9-1 纺织品洗涤的温度和时间

种类	织物名称	洗涤温度/℃	浸泡时间/分
棉	白色、浅色	50～60	30
	印花深色	45～50	20～30（被里4小时以上）
麻	一般织物	40左右	30
丝	素色、本色	40左右	5
	印花交织	35左右	
	绣花改染	微温和冷水	随浸随洗
毛料	一般织物	40左右	15～20
	拉毛织物	微温	10～20
	改染	微温	随浸随洗
化学纤维	涤纶混纺	40～50	15
	锦纶混纺	30～40	
	腈纶混纺	30左右	
	维纶混纺	微温或冷水	

4. 化纤织品的洗涤

化学纤维服装一般吸湿性差、静电大易吸尘,但它们易脏也易洗,可用一般的洗衣粉或洗涤剂。如用普通洗衣粉洗后,有时衣服会发硬,可多用几次温水和清水漂洗。如使用中性洗衣粉效果会好一些,洗涤温度一般在30～45℃,以双手大把轻轻揉搓为主(用力过大,会使织物表面起球。化学纤维中的人造纤维服装,可用中性洗衣粉洗涤,水温度不要超过45℃),且在洗涤液内浸泡时间不宜长(注意保护色泽),用力要均匀,忌用搓板搓洗。

各类纺织纤维织物洗涤温度和浸泡时间可见表9-2:

表9-2 国际通用服装洗涤方法标记

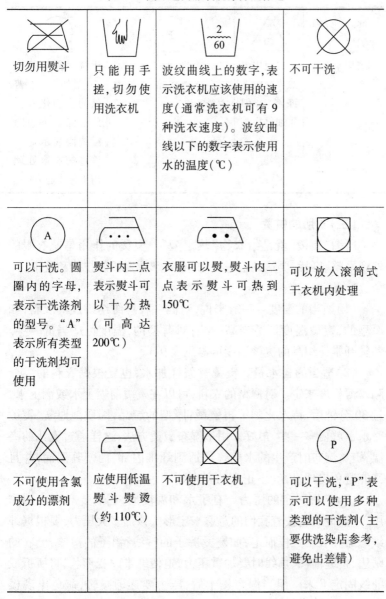

切勿用熨斗	只能用手搓,切勿使用洗衣机	波纹曲线上的数字,表示洗衣机应该使用的速度(通常洗衣机可有9种洗衣速度)。波纹曲线以下的数字表示使用水的温度(℃)	不可干洗
可以干洗。圆圈内的字母,表示干洗涤剂的型号。"A"表示所有类型的干洗剂均可使用	熨斗内三点表示熨斗可以十分热(可高达200℃)	衣服可以熨,熨斗内二点表示熨斗可热到150℃	可以放入滚筒式干衣机内处理
不可使用含氯成分的漂剂	应使用低温熨斗熨烫(约110℃)	不可使用干衣机	可以干洗,"P"表示可以使用多种类型的干洗剂(主要供洗染店参考,避免出差错)

续表

不可用水洗涤	可以使用含氯成分的洗涤剂洗,但需加倍小心	可以洗涤,"F"表示可用白色酒精和11号洗衣粉洗涤	干洗时需加倍小心(诸如不宜在普通的自动化洗衣店洗涤),下边的横线则表示对干洗过的衣服处理需十分小心

(三)衣服的熨烫

所谓"熨烫"就是给衣物"热定型"。熨烫的作用是使衣服的外观平整、挺括,要达到这一目的,必须掌握熨烫的技能和要求。

1. 熨烫技能

(1)适当的温度。一般来说,对同一种纤维纺织成的衣料,如厚型的,熨烫温度可适当高一些;对薄型的,温度可适当低一些。各类纤维纺织品的熨烫温度可参见表9-3。

(2)适当的含水量。熨烫时怎样加水,也要根据衣料的成分和厚薄程度来定。对薄型的衣料,可以在熨烫前喷上水或洒上水,过30分钟后,待水化匀了再熨烫;厚型的织品,因质地厚实,熨烫时水量就要多一些,最好采用垫湿布熨烫方法,这样通过熨斗的高温,熨烫湿布时产生的水蒸气可透到纤维内部,而使其湿润,并且又能避免出现极光(不正常的亮光)。

(3)掌握一定的压力。有了水和温度后,还需要有压力的作用,才能使衣物按着我们的意愿来定形。该加多大压力,要根据纤维织品和衣服式样而定,如熨烫裤子的裤线、裙子的褶皱、上衣的贴边、拼缝前襟、袖线时要加重压力,迫使纤维改变形状,将所折成的线固定下来。但当湿布烫干后,压力要逐渐减轻,避免出现极光,影响美观。

表9-3　各类纤维纺织品的熨烫温度　　　℃

纤维名称	直接熨烫	垫干布熨烫	垫湿布熨烫
氯纶	45~65	80~90	
丙纶	85~105	140~150	160~190
腈纶	115~135	150~160	180~210
维纶	125~145	160~170	180~210
锦纶	125~145	160~170	190~220
涤纶	150~170	185~195	195~220
柞丝	155~165	180~190	190~220
桑蚕丝	165~185	190~200	200~230
羊毛	160~180	185~200	200~250
棉	175~195	195~220	220~240
麻	185~205	205~220	220~250

2. 熨烫要求(质量标准)

1)西装

(1)领头内外平直、服贴、挺括,驳角无大小,阔狭相等。

(2)左右肩胛圆活,呈胖圆形,拼缝分开,肩里平直、服贴。

(3)左右挂面衬布平直、挺括,前胸平直、服贴成凸形。

(4)袋口的袋盖平直、挺括,夹里不露外,无袋盖印和纽扣印。

(5)背缝和左右腰缝分开,下摆贴边平直、服贴。

2)衬衫

(1)领头挺括、领面呈胖形。

(2)前后身长两袖光滑无毛形。

(3)折叠规格阔0.2m(6寸)、直0.27m(8寸)。

3）西裤

（1）口袋密缝不露里，腰头平直、挺括，夹里平直、服贴。

（2）腰褙整齐、平直、服贴，左右长短相等。

（3）后腰继分开压煞，门襟平直、服贴、挺括。

（4）内外四缝对齐，左右相等，前后四筋通，门裆齐、直、煞。

4）领带

领带大多是用斜料制作而成，目前市场上以真丝交织面料较多，最好是干洗，不易走形。熨烫时正面垫湿布，湿布不宜烫得太干，避免领带正面被压出接缝印和极光；然后垫干布，熨烫背面；再用白纸叠成与领带相仿的纸型，衬垫在领带中，用熨斗直接熨烫领带下口，将下口烫成活型、无死褶痕，就能平整、美观。

注意：由于熨烫中的学问很多，在家庭中进行衣物的熨烫，受到熨烫设备、工具、技术等条件的限制，一般以熨烫衬衫、裤子为宜，而上等的丝织面料衣物、毛料服装、西装或带有夹里的衣服，应送洗衣店洗烫为好。

三、衣服的收藏和保管

（一）衣服的防霉、防蛀

除合成纤维的纺织品稍好点外，衣箱和衣柜里的棉、麻、丝、毛和人造纤维的纺织品，都可能发霉或被虫蛀。为此，可选用一些高质量的防霉、防虫化学制剂置于衣柜内。但要注意，丝绸中纱、绉、纺、罗等品种和浅色丝绸服装，如果长期接触樟脑等驱虫剂，会使衣服变黄，严重的还不易洗净。

为防止衣服发霉变质，衣柜要经常打开透气。在梅雨季节的前后存放衣物前，衣箱应先晒一晒，待彻底凉后再收藏衣物。也可向箱柜内喷些杀虫剂，然后将柜门、箱盖封好盖严，过一会儿再打开通风，并用干净的干布擦拭一遍，或在箱柜的四周和底部垫上洁净的白纸，然后再收藏衣服。衣服要摆整齐。棉麻衣服宜放在最下面，其次是毛织衣服、化纤衣服、丝绸衣服，也可把大件或重的放在下面,轻的、薄的、小件的放在上面;或将不经常用的、不怕挤压的放在下面,经常用的怕挤压的则放在上面。各类衣服在收藏前都要洗涤干净,经上浆收藏保管的衣服要经常通风晾晒。晾晒过的衣服要在彻底凉透后,再放入箱柜内。晾晒衣服应选择阳光充足的天气,梅雨季节不宜晾晒。

(二)衣服的合理收藏

棉、麻衣服洗涤、熨烫后应叠放平整,深浅颜色分开存放;针棉织品或带有金属物(如拉链、裤带扣、金属纽扣)的最好用塑料袋包好后再收藏。

化纤衣服洗后也要熨烫叠好平放。它不宜长期吊挂在衣柜内,因为长期吊挂会使衣服悬垂伸长。与天然纤维混纺的化纤衣服(或人造纤维衣物),可配置少量樟脑块,但是不要直接与衣服接触,以免降低化纤强度。

各种毛料衣服穿过一段时间后,应晒后拍去灰尘。不穿时要挂放在干燥处。存放前应去掉污渍和灰尘,并保持清洁干燥,再放入箱柜内。毛线或毛线衣裤混杂存放时,应将它们用干净的布或纸包好,以免绒毛玷污其他衣服。收藏后的衣服,最好每月透风1~2次,以免虫蛀。各种毛料服装应在衣柜内悬挂存放为好;放入箱内时应反面朝外,以防褪色风化造成风印。

对皮毛皮革类制品(毛皮大衣、袄、裤),在收藏前应先在阴凉通风处晾放若干小时,轻轻掸掉尘土,再放入箱柜内。伏天要勤晾几次,以防皮板发霉变硬。存放时应放些樟脑块,以防虫蛀。

(三)衣服的去污除渍

1. 操作须知

去除污渍是一项细致而又慎重的工作。不恰当的处理,不仅会影响衣服的色泽和美观,严重的还会损伤衣料,降低寿命,所以操作时应注意如下几点:

(1)衣服沾上污渍后要及时去除,不要放置时间过长。

(2)要正确识别是什么样的污渍,否则就不能采用对应的去污方法,搞不好还可能加剧污渍的程度。

(3)根据污渍的种类和衣服的质料,选用对应的除渍药水和去渍方法。操作时应由浅入深,合理正确。

(4)对丝毛织物一般不用氨水或碱水,如必须使用,浓度要淡,速度要快。

(5)要注意,草酸有毒性,浓草酸容易损伤衣料,而高锰酸钾是强氧化剂,会破坏颜色。

2. 去除污渍的方法

(1)机械油、食用油渍。可将衣服的污物浸在汽油内用手轻轻揉洗,然后用旧布或旧毛巾稍稍用力擦。

(2)铁锈渍。用1%～2%的温草酸液洗,清水漂净。

(3)烟筒油渍。刚滴在衣服上的,可立即在汽油内揉搓,如有黄色斑痕,再用2%草酸液除去。注意操作要快。

(4)血渍。血渍的主要成分是蛋白质,碰到热就凝固,所以去除时要在冷水内进行。应先浸泡,再擦些肥皂反复揉搓即可去除。

(5)圆珠笔渍。可先用冷水浸湿,涂上些牙膏,并加少量肥皂轻轻揉搓。如有残痕,再用酒精洗除。

(6)口红印渍。先用小刷蘸汽油轻轻刷擦,去其油脂后再用温洗涤液洗除。

(7)鸡蛋清渍。先用稍浓的茶水洗,然后用温洗除液洗,再投漂干净。

第十章　家用电器的使用与保养

一、厨房家用电器的使用与保养

（一）电饭锅

现代家庭做米饭主要用电饭锅,它煮饭非常方便,较高档的电饭锅还可用来熬粥、煲汤等。

1. 电饭锅的使用

（1）在使用电饭锅时,一定要将内锅的外表面擦干,且外锅也不能有水,防止因水造成电路短路。

（2）在内锅中放入待煮的食物,加入适量的水。

（3）将锅盖好,安排好适当的程序,再插上电源。

（4）食物煮好后电饭锅自动切换到保温状态,几分钟后可拔去电源。

2. 电饭锅的保养

要做好电饭锅内、外锅的清洁工作,内锅可放入水中清洗,洗时注意避免强烈碰撞,以免变形,影响使用;外锅可用抹布擦拭。

（二）多功能食品加工器

1. 多功能食品加工器的作用

（1）可以很方便地加工各种食品,如磨粉、榨汁、搅拌等,最方便的就是打豆浆,可用于加工早餐。

（2）使用这种加工器时,如果用作搅拌,就安装用于搅拌的配件组合,并将主机按钮选择在"搅拌"档;如果用来榨汁,就安装用于榨汁的配件组合,并将主机的按钮选择在"榨汁"档,依此类推。

2. 多功能食品加工器使用注意事项

（1）使用多功能食品加工器时机身底座要放置平稳,容器内必须有足够多的食物,待加工的食物或液体,其温度应低于70℃。

（2）按下开关前,检查配件与机座连接是否紧密,以及料盒上的盖子是否盖紧。

（3）由于电动机的转速很快，故只需几秒钟就可将食品加工好。

（4）为保持机器性能良好，连续使用 3 分钟后，要断开电源休息 3 分钟，使电动机冷却；工作 5 次后，要让电动机休息 1 小时左右才可继续使用。

（5）多功能食品粉碎机使用完毕后，所有配件都要清洁、抹干后再存放，注意其配件不能放入洗碗机中清洗。电动机机座、电线、插头等不能浸泡在水中清洗。

（三）微波炉

1. 微波炉的特点

微波炉是方便洁净的家用炉具，其特点是利用微波加热食物，没有明火和污染。加工食物时，一般将盛放食物的容器放在烘烤架上。

使用微波炉加工食物时，一般先将食物在配制好的调料中浸泡数小时，使食物入味；放入烤箱烘烤过程中，要定时取出翻面后再烤，使食物均匀受热。

2. 使用微波炉的注意事项

（1）在微波炉里可使用塑料、玻璃、陶瓷和微晶制成的容器，但不能使用金属或带金属边的容器。因为金属对微波有反射作用，不仅食物较难煮熟，而且被反射的微波还会损坏微波炉的主要部件，直接影响其使用寿命。

（2）若烹饪冷冻食品，要先解冻。微波炉解冻食品时应使用低功率档，使之均匀解冻，不要过分加热使食物完全解冻，这样做可能会使食物的某部分煮熟。一般应在半解冻状态时即停止加热；对一些厚薄不一的食品，如整条鱼在解冻进行到一半时，为防止头、尾部分煮熟，可用铝箔纸将头、尾包好后再继续解冻；一次解冻的食品不宜太多，且冷冻食品块不能太大太厚，肉类食品的厚度不超过 3 厘米，其他食品的厚度不超过 7 厘米，否则，解冻时可能造成上边部分已经煮熟,下边部分还没有化冻的现象。

(3)微波炉切忌空烧,致使磁控管损坏。

(4)微波炉工作时,不要将眼睛贴近观察窗,频繁观看,以免微波炉辐射刺伤眼睛。

(5)忌用微波炉加热封闭的罐头食品。用微波炉加热封闭的罐头食品容易造成瓶罐爆炸,其危险性不可忽视。

(6)忌用微波炉油炸食品。油炸食品一般要求用慢火缓缓加热,而微波炉加热速度很快,油太热,其危险性较大。

(7)每次用完后,要及时清洁,用软布把炉腔壁和转盘擦干净。

(四)电磁炉

1. 电磁炉的特点

电磁炉具有升温快、热效率高、无明火、无烟尘、无有害气体、对周围环境不产生热辐射、体积小巧、安全性好和外观美观等优点,能完成家庭的绝大多数烹饪任务。

2. 使用电磁炉的注意事项

(1)使用电磁炉时应用配套的容器来加热食品,不能使用玻璃、铝、铜质的容器,这些非铁磁性物质是不会升温的。

(2)电磁炉最忌水汽和湿气,应远离热气和蒸汽。容器水量勿超过七分满,避免加热后溢出造成基板短路。

(3)在使用时,容器必须放置在电磁炉中央,不要让铁锅或其他锅具干烧,以免电磁炉面板因受热量过高而裂开。

(4)电磁炉使用完毕,应把功率电位器再调到最小位置,然后关闭电源,再取下铁锅,这时面板的加热范围内切忌用手直接触摸。

(5)要清洁电磁炉时,应待其完全冷却,可用少许中性洗涤剂,切忌使用强洗剂,也不要用金属刷子刷面板,更不允许用水直接冲洗。

(五)电冰箱

家用电冰箱一般为双门冰箱,分为冷冻和冷藏两个室,可以用来存放食物或制作冷食。

1. 电冰箱的使用

(1)冰箱内存放的东西不宜过多。存放食物应生熟分开,熟的应放在上边。食品之间要留有空隙,以保持冷气畅通。

(2)冰箱制冷温度设置得越低,耗电就越多,因此必须根据需要调节温度。如食品需保存较长时间,冷冻温度可调低些。如只放两天,就不必调得过低。 $-6℃$ 时食品可保鲜一星期。

(3)不能将滚热的食品放进冰箱,待食品冷却后再放进去,以避免烧坏冰箱。

(4)不要在冰箱中制作大块冰或放大盆冷水,因耗电很大,甚至可能由于负荷过重而烧坏装置。

(5)每次关门都要关紧,保持箱内低温状态,否则,不但箱内不能保持低温,而且白白耗费大量电能,甚至可能烧坏装置。

(6)冰箱门的开关次数也应尽量少,每次打开的时间要尽量短。

(7)保持清洁卫生,每隔一段时间,箱内要彻底清洗一次。

2. 电冰箱的保养

(1)保养前先拔下电源插头以确保安全。

(2)取出所有附件进行清洗。可用软布蘸中性清洗剂擦拭,然后用清水漂清。

(3)蒸发皿易污染,若长期不清洗会发出异味,应每隔3~6个月清洗一次。

(4)门封条上的污迹要及时擦去,否则会使门封条老化而影响冰箱门关闭的严密性,造成箱内温度升高而耗电量增加。下门封条更易污染,要常常检查。

(5)遇到停电,要尽量少开箱门。

二、清洁类家用电器的使用与保养

(一)洗衣机

当今家庭中主要使用双缸洗衣机或全自动洗衣机,洗衣机的使用方法:

(1)接上电源,注意接触良好。

(2)洗衣前安装好进水管和排水管,检查是否漏水。

(3)将衣物放入洗衣机。

(4)放入洗衣粉或洗涤剂。波轮式洗衣机可将洗衣粉放在洗衣粉槽内或直接放入洗衣筒内;滚筒式洗衣机的添加洗涤剂处往往有好几格,使用前必须先阅读产品使用说明书,搞清楚每格的用途,什么地方放主洗衣粉,什么地方放预洗洗衣粉,什么地方放漂白剂和柔软剂或香料,不可搞错。

(5)选择和设置好洗衣程序,同时向洗衣机内供水。

(6)起动洗衣机,开始洗衣。若洗一般衣物可选择"标准";丝绸和羊毛织物选择"轻柔";特别脏的衣物选择"强洗"。也可设置洗衣时间的长短或是否要预先浸泡。有的洗衣机带有预约功能,可以设定必须在什么时间以前完成洗衣工作。洗衣前选择好水温以及是否要烘干等。

(二)吸尘器

地毯、沙发、家用电器及其他一些物品的除尘,需要用到吸尘器。吸尘器的使用与保养主要有以下几个方面:

(1)初次使用吸尘器时要仔细阅读说明书,按要求装配各附件。通电试验后,若温度、声音均正常即可使用。

(2)使用于不同的场合时,应选择不同的吸嘴。地板、地毯刷用于清洁地板和地毯;家具垫套吸嘴用于清洁沙发、帐帘和丝绸衣物;缝隙吸嘴用于清洁墙边、地角;扫尘刷用于清洁窗架及橱柜等。

(3)用后应及时倒掉过滤袋上吸附的灰尘,检查管内是否残留纸屑碎片。滤尘袋可用清水洗涤、晾干,还要定期更换。

（4）每次重新安装前，要检查接口部位和吸尘管是否连接紧密，以免漏气。

（5）电动机上的电刷容易磨损，应经常检查，每隔一年应更换。电动机轴承每年更换一次润滑脂。

（6）使用吸尘器前，地板不可洒水，吸尘器也不宜用来刷吸潮湿物品和金属粉，更忌吸入针头、刀片、泥土、土碎块等杂物，否则会影响电动机寿命。

（7）吸尘器不可处于长时间持续工作状态，要让电动机有一个降温散热的过程。每次使用以不超过 1 小时为宜。

（8）使用吸尘器一定要检查进风口和出风口是否畅通。一旦发现有异物堵住吸管，应立即关机，待异物清除后再使用，否则既费时又费电，还会烧毁电动机。

特别提醒：

吸尘器的集尘袋要经常保持清洁，否则吸尘时吸尘袋中的细菌等有害的物质会通过排气孔飞扬到空气中，造成室内环境的二次污染。

要注意吸尘器不能用来吸水及其他有害气体、建筑垃圾，否则会引起电动机损坏或爆炸。

（三）抽油烟机

现代家庭厨房一般使用抽油烟机来抽取做饭时产生的油烟。使用抽油烟机要注意以下几个方面：

（1）安装时要注意选择适当的高度、角度及排风管走向。抽油烟机的中心应对准灶具中心，左右在同一水平线上。吸烟孔以正对下方炉眼为最佳。抽油烟机的高度不宜过高，以不妨碍人活动操作为标准，一般在灶上 65～75 厘米即可。

为使排放的污油流进集油杯中，安装时前后要有一个仰角，即面对操作者的机体前端上仰 3°～5°。当抽油烟机必须安装在窗户上或其他支撑脚无法发挥作用时，尤其要注意这个问题。抽油烟机的排气管道走向尽量要短，避免过多转弯。而且最好是将蛇形管直接接到室外。

（2）使用抽油烟机要选择适当的转速，如烹煮油烟大的菜肴时，应选用较高转速。烹煮完毕后，保持扇叶继续转动至少3分钟，让油烟彻底排除干净，然后再关机。抽油烟机也需不断维护和保养，其中定期清洗更为重要。在清洗时，一定要注意卸装叶轮时不可使其变形，以免运转时平衡遭到破坏而造成抖动和噪声增大等现象。压紧固定叶轮的螺母是反螺纹，右旋为松，左旋为紧。这在装卸时一定要注意。

（3）油烟机扇叶空隙小，手伸不进去，油烟污染后清洗很不方便，还往往在清洗时，把扇叶碰变形，造成重心不平衡。有一绝招不妨一试：将刷洗好的扇叶（新的效果更好）晾干后，涂上一层办公用胶水，使用数月后将风扇叶油污成片取下来，既方便又干净，若再涂上一层胶水又可以用数月。

（4）吸排油烟机集油盒收集的污油，向外倒时很不顺利。用动物油做菜时更甚，为解决倒油难的问题，可在刷好的油盒或新油盒内装衬一塑料薄膜，当油满时将塑料膜一起拔出，再换一新薄膜即可，既方便又卫生。

三、其他家用电器的使用与保养

（一）电熨斗

在家政服务中，熨衣服的工作量很大，因此了解电熨斗的性能和安全使用电熨斗知识十分重要。使用蒸汽电熨斗注意事项：

（1）一般的熨斗粘上污垢后，可待其冷却后用细钢丝绒轻擦。

（2）蒸汽电熨斗如无特殊阀门不要使用自来水。若蒸馏水已用完，可用凉开水代替。

（3）若使用喷气熨斗，一定要将熨斗上的控制按钮调到"蒸汽"档，或标有"steam"的位置。

（4）清洁电熨斗时，最好用海绵蘸上温水及洗洁精溶液，主要清洁熨斗表面和底面；不能用粗糙的物品如百洁布、钢丝绒等。

（5）熨斗底板上的污迹可在熨斗湿热时用橄榄油来擦除。

（6）熨斗加热时不要将电线绕在其上以免损坏电线。

（7）磨损了的电线一定要更换。

（8）当去开门、接电话和处理小孩哭闹等事情需要暂时离开时，不要随便扔下熨斗就离开，必须切断电源。

（9）蒸汽熨斗不能在接通电源的情况下注水，否则有可能引起触电事故。

（10）不要把热的熨斗放在小孩能触摸到的地方。

（二）电热饮水机

电热饮水机一般有热水和冷水两个出口。热水由饮水机内设置的加热器加热产生，当温度达到100℃时，自动断电。

电热饮水机要定时清洗，以免发生水质的二次污染。清洗方法如下：

（1）清洗饮水机时可在桶中留1/5左右的水，放入消毒片，使其溶化。

（2）将饮水桶倒置于饮水机上，从热水龙头中放水，直到桶中的水全部放完。

（3）待5～10分钟后打开储水箱的后盖，放完水后盖好。

（4）用纯净水重复上述过程，漂清残留的消毒剂。

（5）平时要注意饮水机出水口和外壳的清洁，集水盒中的水要及时倒掉并将集水盒洗净。

（三）空调器

1. 空调器的使用方法

空调器在家庭中已成为一种主要电器，用于夏季降低室内温度和冬季室内增温，其主要有分体式机、窗式机、柜式机三种类型。要经济而舒适地使用好空调器，需要注意以下几点：

（1）空调器设置过冷或过热都对其不利，而且也浪费电。所以，空调器应设定适当的温度，夏季一般设定在25℃左右，冬季设定在15℃左右。

（2）要定期清洁空气过滤器，一般每隔两星期清洁一次过滤器。如果被堵塞会减小风量和降低运转效率。

（3）正确地调节风向，把风向调节成自动摆动送风，可获得均匀的室温。

（4）尽量在必要时起动空调器，充分地利用定时器，使空调器仅仅在必要时才运转，比如说人睡眠以后，空调器也应当休息，同时也有利于身体健康。

（5）避免阳光和外界空气（特别是热风）进入空调区域，窗户要用窗帘或百叶窗遮挡阳光，门要随手关闭。

（6）冷气开放时，尽可能把热源放置在空调制冷区域外，如热水器等发热电器。

2. 空调器的保养

空调器的定期维护保养十分重要，在保养中要注意以下几点：

（1）实施维护之前要关闭空调器，切断电源，拔出电源插头。空调器电路区域应用柔软的干布擦拭，千万不能用水擦洗，以免引发短路现象。也不能使用汽油、油漆稀释剂、苯类化工品和磨光剂等，以免被腐蚀变形或擦伤。

（2）在空调器使用季节中要定期清洁空气过滤器，在清洁空气过滤器时，应轻轻地抓住空气过滤器的把手将其微向上抬起，抽出过滤器。如果过滤器很脏，可使用40℃左右的温水清洗，然后将其吹干。切忌用力拧干水分，更不能用明火烘干。最后把过滤器安装回原位后再试机，切忌在无空气过滤器的情况下运转空调器，否则易发生故障。

（3）在空调器使用季节结束后，先清洁保养室内和室外机，然后让空调在送风的运转模式下运转4~5小时，使其内部干透，再拔掉电源插头，关掉保护断路器，最后用防尘罩罩好。如果每月解下防尘罩让空调在送风的运转模式下运转4~5小时，则对空调器更有利。另外，对于空调器的遥控器也应谨慎保管。

（四）影碟机

影碟机是家庭影院的主要设备，目前家庭中主要使用 DVD 影碟机。

1. 影碟机的使用

使用影碟机应注意以下几点：

（1）影碟机的放置。影碟机在工作时，要散发一定的热量，因此尽量将其置于阴凉通风处，切忌放在阳光直射处或靠近热源；影碟机的激光头易沾污，故不要将其放在多尘的地方，最好能给影碟机做个专用防尘罩。优质机芯虽具有一定的防振功能，但影碟机最好还是放在牢固无振的台架上，不要和大功率音箱置于同一台面。影碟机严禁放在潮湿或易被雨淋的地方，否则会影响电源的正常工作甚至造成短路。

（2）使用中的注意事项。使用前要正确核定当地电压，严禁使用电压规定值以外的电源。为延长影碟机寿命，连续开关机的时间最好间隔 30 秒以上，机器连续工作时间不要超过三小时，让影碟机有一个"喘息"的机会。使用功能键时应力度适中，不要用力过猛。较长时间不使用影碟机时，须将电源线拔离电源插座，尤其是电子开关的 VCD 影碟机，即使关机仍有一部分电路在工作。

2. 影碟机的保养

（1）维护中注意事项：影碟机机壳及面板如有污损，可用软布沾少许中性清洁液擦拭，切忌使用酒精、二甲苯等挥发性化学品，以免损伤镀层和面板丝印标记。不要随意拆卸影碟机，涉及维修方面的事项可委托当地保修部门解决。

（2）DVD 影碟机盘片的保养。盘片应存放在干燥凉爽处，避光照、避热潮、避灰尘，最好放在专用碟盒里。不可在表面贴胶纸和写字。取出时不可用手指触及表面，只能夹住边缘，以免指纹、汗渍污染碟面。不能重叠相压、斜放，以免变形。若变形，可将其夹在两块干净玻璃之中，均匀压上几千克重物，两天即可平整。不可将盘片存放在机内，每次使用完毕，应立即从盘盒内取出。

四、新式家电使用简介

近年来,新式家电不断走入家庭,作为家政服务员,对这些新式家电的使用知识要有所了解。

(一)彩色投影电视机

彩色投影电视机是超大屏幕电视,其价格相对较低,满足了人们观看家庭电影的需求。

彩色投影电视机与普通电视机不同,它采用光学聚焦投影成像的方式成像,镜头的位置相当精确,因此在移动彩色投影电视机时要特别注意避振问题。移动时切忌上下颠簸机身,并要随时注意避免屏幕刮蹭。

另外,即使移动的距离很近,也应先拔下电源插头再移动。在日常养护彩色投影电视机时,可用干潮布轻擦屏幕及机身。不要使用有机溶剂擦洗机器及屏幕。在擦机时,先应关拔电源,擦屏幕时要使用柔细的毛巾。平日,要尽量避免水或其他的液体溅到机身或屏幕上,当有异物掉入电视机内时,应首先关闭电源,拔下插头,并请专业维修人员开机检查。

(二)液晶电视

液晶电视是近年来走入家庭的高档电视,其体积小,可挂在墙壁上,图像还特别逼真,将会有越来越多的家庭更换液晶电视。

使用液晶电视需要注意以下几点:

(1)保护好显示屏,必要时可在关机后用干净柔软的棉布对显示屏进行适当清洁维护,但切忌反复用力擦拭。禁止使用各种洗涤剂擦拭显示屏。

(2)离开适当的距离观看,最佳距离为液晶屏垂直高度的5～7倍,并使室内照明保持在足以读报的程度。

(3)不要频繁开闭电视机。

(三)家用电脑

家用电脑现在已经走进千家万户,成为人们在家庭办公、休闲娱乐的主要工具。

保养家用电脑的注意事项：

(1)避免高温。电脑理想工作的温度是 10~35℃,温度太高或太低都不好。高温的伤害主要是针对温度比较敏感的元件,比如 CPU 的工作温度绝不能超过 80℃,否则极容易被烧毁,而且最好安装测温报警软件。在夏天使用电脑时,要注意室内通风和降温,因此在有电脑的房间内最好有空调。

(2)避免潮湿。潮湿对电脑的危害也较大。一般相对湿度在30%~80%之间比较合适。如果湿度不当容易造成短路。所以空气中过于潮湿时,开机时一定要慎重。另外,一定不要用湿手使用电脑。反之,空气太干燥也不好,太干燥容易产生静电,同样容易对电脑产生危害。

(3)稳压电源。电源不稳是电脑使用过程中一个比较大的危害。不稳的电压或者是瞬间高电流都容易对电脑造成比较大的危害。电脑对交流电正常的要求是 220V,50Hz,要具有良好的接地系统,最好能用一个 UPS 电源。

(4)清除灰尘。由于电脑机箱并不是完全封闭的,而且静电会吸附灰尘,所以灰尘是很容易进入计算机的。当灰尘附着在集成电路表面时,会造成散热不畅,严重时会造成短路。光驱、软驱、显示器最怕灰尘。光驱的激光头上若吸附了过多灰尘,容易造成读盘能力急剧下降。灰尘对于软驱的伤害和光驱相类似。在显示器中,过多的灰尘容易烧毁显示器。再比如键盘、鼠标等其他配件,都怕灰尘。因此,要注意给电脑除尘。

(5)减少振动和撞击。硬盘、光驱、软驱非常怕撞击,它们都是通过激光头来读取转动的盘片。如果受到剧烈撞击,轻者造成划伤盘片,重者造成驱动器彻底损坏。任何一个电脑的使用者都不希望出现这样的事情。

第三篇　家政服务护理常识

第十一章　老年人常见病及护理

　　每个人都会变老,但因各人的身体状况、生活环境、文化背景的不同,生理上难以明确统一的老年时限,一般发达国家和地区,多规定65岁以上为老年期;发展中国家和地区,多规定60岁起为老年期;在我国,规定60岁到89岁为老年期,90岁以上为长寿期。掌握和了解老年人的特征,对做好老年人的护理和保健是很重要的。

一、老年人的特征

(一)老年人的生理变化

　　(1)心血管系统。随着年龄增长,人体各器官和组织细胞数量与细胞代谢的需要均减少,心排血量也逐渐减少,心率减慢,血管弹性降低。因此,动脉硬化、高血压是老年人常见的心血管系统疾病。

　　(2)呼吸系统。由于肺组织的萎缩,呼吸肌的收缩力减退,导致收缩速度相应减慢,肺顺应性减少,呼吸频率增加,透气不均匀。肺炎、支气管炎、肺气肿是老年人呼吸系统的常见病。

　　(3)消化系统。老年人口腔黏膜出现过度角化现象,牙齿的衰退明显,平滑肌尖纤维萎缩,胃黏膜变薄,胃及结肠扩大,易出现内脏下垂的现象;由于肌纤维萎缩,食道、小肠、乙状结肠处易发生窒息;胆囊及胆管变厚,胆汁变浓,并含大量胆固醇,所以老年人容易得胆石症。

　　(4)神经系统。随着年龄不断增加,大脑皮层不断萎缩,体积变小,重量变轻,脑膜增厚,表现为思维活动迟缓,记忆力逐渐减退,注意力不易集中,对外界反应的敏捷度显著减低。

(5)内分泌系统。进入老年期,甲状腺有程度不同的萎缩,甲状旁腺呈萎缩状,肾上腺显著萎缩,胰腺腺体减少,胰腺细胞萎缩,胰岛因纤维化而减少。因而,易发生老年性糖尿病,老年性甲状腺功能减退症。此外,老年人泌尿、生殖系统的器官逐渐衰老,易感染膀胱炎、肾盂肾炎、前列腺炎和阴道炎。

此外,老年人运动系统由于肌肉和骨骼方面变化,会出现骨质疏松、骨骼变脆、脊柱弯曲、驼背、身高下降及活动不灵活等症状。

(二)老年人的心理变化

人进入老年期,由于生理上的自然变化,有些老年人在心理上会产生不安全感、衰老感、自卑感;有些体弱多病的老人还会产生焦虑和抑郁。有些退休后的老人,不能适应改变了的清闲的生活方式,总有一种失落感,心理上表现为孤独、自卑、空虚、消极对待人生。

家庭对老人有重要的心理影响。有时家庭中发生的不幸事情会导致老人性格改变,情感或平淡,或哀伤,或暴躁,或固执、多疑、自私,情绪极不稳定。因此,每一个家庭成员都应该尊敬老人,妥善安排老人的生活,尽量避免精神刺激,和睦相处,鼓励和支持老人积极参加社会活动、文体活动,使其真正享受天伦之乐。

二、老年人的护理与保健

(一)一般须知

要照顾好老年人,总体上应注意如下四点:

(1)全面了解。要全面了解老人的身体健康状况,重点是找出薄弱环节,尽早抓住疾病的苗子,了解老人的用药品种、数量和特点,掌握常规药和临时用药的药物剂量、作用、副作用等。由于老年人肝、肾功能减退,用药个体差异较大,对某些药物较为敏感,因此老年人用药一定要谨慎,从小剂量开始,并注意观察用药后的反应。

(2)细心观察。观察老年人精神状态、饮食睡眠及大小便情况,特别要注意痰、尿、粪等排泄物有无色、量、味的改变。

(3)提高警觉。注意观察和发现肿瘤的危险信号症状,如老年人出现排便规律改变、大便形状改变等症状时,应警惕胃肠道肿瘤;患有癌前疾病(如胃溃疡)的老年人一旦出现疼痛规律改变,应警惕胃癌;经常鼻出血,要想到鼻咽癌的可能性;老年女性应注意乳房有无硬结或阴道分泌物有否异常。老人还应注意安全,防止外伤和骨折,警惕心脑血管急症发生。

(4)定期检查。全面了解老人的身体健康状况,做到"无病早防、有病早治"。对已有疾病在身的老人应去医院做定期检查,以便及时了解病况。

(二)具体护理

在日常的具体做法上,可从如下五点着手:

(1)注意饮食。老年人的消化吸收功能降低,牙齿脱落或装有假牙,食物要烂、软、碎,易于消化。每天应摄入适当的低热能量,以低脂肪、植物油为主。平时多吃新鲜蔬菜和水果。食物搭配要多样化,不吃油煎、烟熏食物,少食多餐,不吸烟、不饮烈酒。

(2)注意个人卫生。老年人的皮肤逐渐萎缩变薄、失去弹性、易受损伤,因此要早晚洗脸、刷牙,每晚擦身洗脚,衣着应宽大柔软,穿脱方便,随气候变化及时增减。有些老人常出现便秘、大小便失禁、尿频等。而大小便不畅会引起血压升高、心脏负荷增加,因此一定要使老人养成定时大小便的习惯。对已有便秘的老人可以使用热水坐浴,诱导其排便,另外还可服用轻泻剂或用甘油灌肠。如因前列腺肥大引起小便不畅,早期也可采用热水坐浴法来缓解。

(3)注意活动。老年人因活动减少,常出现四肢无力和肌肉萎缩,再加反应迟钝,常易发生跌伤、骨折等损伤。一旦发生骨折,治愈时间相对较长,其间又会出现消化不良、便秘、感染等并发症。因此要坚持让老人早睡早起,适当参加锻炼,如散步、打太极拳、慢跑、保健操、气功等。运动量要根据老年人的年龄、体质、锻炼基础而定。这样做有利于老人全身血液循环及心脏功能的增强。当然,有慢性病的老人,应注意在医生的指导下进行医疗性体育锻炼。

(4)保证充足的睡眠。60～70岁老人平均每天应睡8小时,70～90岁老人平均每天应睡9小时,90岁以上的老人平均每天应睡10小时以上。

(5)情绪稳定、乐观。要帮助老人学会自我调节,使情绪既不亢奋,又不消极,始终保持乐观心态。对人对事期望值不要过高,遇事不躁不怒,与周围人和睦相处。

三、老年人常见病的护理

(一)高血压病

高血压与长期精神紧张,缺乏体力劳动,或家族遗传,大量吸烟、饮酒,肥胖,饮食中摄盐过多有关。

(1)临床症状。早期血压可因劳累、情绪激动等刺激而发作性增高,同时伴有头痛,一般为阵痛,有压迫感、耳鸣、眼花、健忘及失眠等症状。随着病情进展,血压持续升高,并伴有脏器的损伤和功能障碍。这时头痛、晕,严重者可发生脑出血,或形成脑血栓。如病人突然出现剧烈头痛、呕吐、抽搐和昏迷,这可能是高血压脑出血症状,必须迅速去医院治疗。

(2)预防与护理。患者应尽量避免高血压诱发因素,保持良好的心理状态,劳逸结合,平时保证充足的休息和睡眠,严重高血压病人应让其卧床休息,注意戒烟、戒酒,忌吃咖啡、浓茶等刺激性饮料,督促病人坚持服药,定期复查。对血压持续增高的病人,每月应测血压2～3次,并认真做好记录。如病人血压急剧增高,并伴有头痛、恶心、呕吐、抽搐、视物模糊,以及喘憋、面色青紫、咳粉红色的泡沫痰,应立即送医院抢救。在治疗、休养期间要让病人保持大便通畅,并嘱病人排便时切勿用力,以免引起颅内压增高。饮食方面应选择低盐、低脂、低胆固醇、低热量的食物。每日食盐量应低于5克。

（二）脑血管意外

此病一般可分为缺血性和出血性两大类,都与高血压有关,其中尤以缺血型的脑血管意外更为多见。

（1）临床症状。症状一般为头昏,头痛常在睡眠或休息时发作,病人大多数意识清楚,体温、脉搏、呼吸、血压大多无变化,但少数人有不同程度意识障碍,出现失语、瘫痪等症状。

出血性脑血管病人会有意外症状:少数病人出现头痛、头晕、肢体麻木、活动不便、口齿不清、血压增高;大多数病人起病突然,大多无预感,常在情绪激动、过分用力等血压升高的诱发下,病人突然头痛、头晕、呕吐、意识障碍、肢体瘫痪、失语、大小便失禁。

2. 护理。注意室内清洁、安静、空气新鲜,良好的环境能使病人精神愉快。应供给足够的水分,宜食清淡、易消化、含丰富纤维素和维生素的食物,以保持大便通畅。保持床铺干燥平整,做好皮肤护理,减少和避免受压。另外要加强瘫痪肢体的功能锻炼,鼓励病人做力所能及的活动,如自己穿、脱衣服,系纽扣,洗脸,漱口,自己动手吃饭;每天协助病人活动2~3次,并按摩病人肢体,推拿皮肤、肌肉,伸展各关节。按摩前护理人员应洗手,剪去指甲,用滑石粉涂抹病人按摩处。每个肢体按摩约5~10分钟。对瘫痪病人还应注意保暖,防止受凉;用热水袋给病人捂暖时,要防止烫伤肌肤。

（三）心绞痛

这是由于冠状动脉供血不足,导致心肌暂时缺血、缺氧而引起的临床综合征。

（1）临床症状。典型者为胸骨后或心前区疼痛,可放射至左肩和左臂,常伴有胸闷、出冷汗,甚至有濒死感,病人面色苍白,心率加快,血压增高。

（2）护理与预防。首先要重视精神护理,帮助病人稳定情绪,消除担惊受怕的心理,避免过分激动、忧伤以及任何不良刺激,保持精神愉快。其次要根据医护人员的指导,按时给病人服药治疗,定期复查,并督促病人坚持适度休息与锻炼。一般情况下,病人不必绝对卧床,但要保证充足睡眠,同时应根据病情进行适当的体育锻炼,如散步、打太极拳、做气功等,以舒筋活血、增强体质。病人也可参加一些文娱活动或力所能及的工作或家务,以调节精神。但当心绞痛发作时,必须停止一切活动就地休息。冬季应注意保暖。平时多食用蔬菜与水果及纤维素,如荠菜、豆芽菜等,这对降低胆固醇,保持大便通畅有利。应避免暴饮暴食。家中应常备保健药盒,并给病人随身携带,以便急救。

(四)急性心肌梗死

如心肌严重的血供不足会造成缺血、缺氧,即可发生急性心肌梗死。诱发因素主要为劳累、情绪激动、受寒、饱餐、便秘、高血压、心律失常等。

(1)临床症状。大概有半数以上患者发病前数日至数周可有乏力、心慌、气短及胸部不适等,胸痛性质与心绞痛相似,但更剧烈、时间长、范围广,突发胸骨后或心前区持续性剧痛,可向左肩和左上肢放射,常伴恐惧、烦躁不安、恶心呕吐、出汗和气短等,经休息和含服硝酸甘油无效,但也有约20%患者只有轻微胸痛或无胸痛,主诉胸闷憋气或上腹不适等。

(2)急救。急性心肌梗死发病前,不少病人会出现一些先兆,如心绞痛频繁发作且剧烈,活动后心跳气急的现象明显加重。出现上述症状应及时去医院就诊。

当发现急性心肌梗死病人时,应保持镇静,就地平卧,有条件的可以给病人吸入氧气,并急送医院抢救。(在送医院的过程中,注意绝对不要让病人自己用力活动。)

(3)护理。病初发时应绝对卧床休息(约1周),头部取高位。注意安慰病人,以消除紧张和恐惧心理。饮食宜低脂、低钠、清淡,少食多餐。每日摄入的食物纤维不少于10~12克,以保持患者大便通畅,并告诉患者排便时勿屏气,对排便不畅者可使用开塞露。

(4)心脏病保健药盒的使用。心脏病保健药盒内应有硝酸甘

油片、亚硝酸异戊脂、安定等药。当胸痛发作时,立即让病人舌下
含硝酸甘油 0.6 毫克,可在 1~3 分钟内见效,药效能维持半小时。
如疼痛仍未缓解,十几分钟后再含 1 片,也可用消心痛治疗。在疼
痛剧烈时,可将亚硝酸异戊脂(每安瓿 0.2 毫克)裹在手帕中捏碎,
放在病人鼻子边让其吸入,10~30 秒钟内即可生效。心脏病保健
药盒应存放在极易拿到的位置。如随身携带硝酸甘油,应在半年
更换 1 次,以保证药效。

(五)糖尿病

老年人体力活动减少,脂肪组织增多,对胰岛素不敏感,而使
血糖升高,易患此类病。

(1)临床症状。老年糖尿病仅有 1/3 病例有"三多一少症",
即多饮、多食、多尿,身体消瘦、体重减轻,但症状很轻微。病人会
有类似冠心病的表现,如胸闷、心绞痛、心律失常、心衰、无痛性心
肌梗死等。也有的病人是在脑血管意外等抢救中才发现患糖尿病
的。通常当老年人出现乏力、体重明显减轻,有心脑血管方面症状
的,都应想到可能是糖尿病。

(2)饮食疗法。这是基本的治疗措施。无论病情轻重缓急,
有无并发症,或是否正在进行药物治疗,均要长期坚持饮食治疗,
严格控制饮食,保证有足够的营养。具体可参照表 11-1:

表 11-1　糖尿病的饮食疗法

标准体重/千克	体力消耗程度	每天饮食量		副食			
		主食(米饭)/克	蔬菜(白菜、菠菜、卷心菜)/克	瘦肉/克	蛋类/只	鱼类/克	豆腐干/克
50~60	轻度体力劳动	250~300	600	100	2	50	25
50~60	中度体力劳动	300~400	600	100	2	50	25
50~60	重度体力劳动	400~500	600	100	2	50	25

此外,控制饮食的初期,病人常有饥饿感,必要时可加少量饮

食,并向病人宣讲饮食治疗的重要性,以取得配合,自觉遵守饮食限量的要求。

(3)护理。除严重的并发症需卧床休息外,一般可让病人参加运动。注意个人卫生,勤更换衣裤,特别注意保持皮肤的清洁,以预防各种皮肤感染。如出现皮肤破损或生疖肿时,要及早医治,避免发展成多发性疖肿。

并发症的观察:患者如果突然出现严重口渴、食欲减退、恶心呕吐、疲乏无力、头晕头痛等症状时,应立即送医院就诊。

(六)更年期综合征

对女性来说,此病一般发生在45~55岁。部分妇女在此期间可出现一系列因性激素减少而引起的症状,被称为更年期综合征。如果正常的卵巢遭到破坏,或手术切除后,更年期综合征也会随之发生。更年期综合征的症状是否发生及其轻重程度,除与内分泌功能状态有密切关系外,还与个人的体质、健康状态、社会环境以及精神因素等方面密切相关。

(1)主要症状。情绪不稳定,易怒、抑郁、失眠、健忘、头晕、体重增加等。

(2)预防与护理。对病人应进行生理卫生的教育,以消除其恐惧和焦虑的心理,有助于预防更年期综合征,或减轻症状。病人应注意劳逸结合,适当参加体育锻炼,不宜进食过多的脂肪及糖类。另外,老年女性在更年期因缺乏雌激素,阴道黏膜的酸碱度改变,抵抗力会降低,因此要注意外阴清洁,预防感染,可适当参加近地旅游活动,这有利于增强体质和消除抑郁焦虑的心理状态。

(七)老年性痴呆病

老年性痴呆或多发性脑梗塞性痴呆,都伴有不同程度的脑部慢性退化性病变。因发病者较多,目前还没有条件让老年痴呆病人全部进医院治疗,大多数病人只能在家里。在护理痴呆病人时,必须注意以下几点:

(1)加强病人的营养。对年老体弱伴有其他疾病的患者,应给予营养丰富、易于消化的食物。进食时要慢,防止噎食。

（2）鼓励病人参加锻炼。在家属或护理人员的伴同下增加户外活动,如做操、太极拳、气功、散步等,以增强体质,促进食欲,改善睡眠。

（3）加强观察。一般老年痴呆病人感觉退化,同时缺乏主诉能力,要善于及时发现并发症,否则会造成严重后果。经常观察病人的体温、脉搏、呼吸和血压,随时作好记录,发现变化要引起足够的重视。

（4）加强护理。创造一个舒适的环境,根据季节变化为病人及时更换衣被。冬天应经常晒被子。注意个人卫生,督促病人每天洗脸刷牙,经常洗头、洗澡,病人不能自理应予帮助。保持床褥平整、清洁、干燥。

对长期卧床病人应加床档,每2小时翻身1次,用50%酒精按摩受压部位,改善血液循环,以预防褥疮;定时按摩肢体,活动关节,以防止肢体肌肉痉挛,影响功能。

（5）督促锻炼。若有条件,也可让病人适当劳动,进行一些思维和计算能力的训练,以延缓患者脑功能退化。注意病人安全,不要让他们独自外出,以免发生意外。

第十二章　孕、产妇的护理

妊娠是一个正常的生理过程。由于胎儿的生长发育,使母体各方面都增加了一定的负担,各系统均发生了一系列适应性的变化。从胎盘娩出到母体全身和生殖器官恢复原状的一段时间,称为产褥期。一般约需6~8周。

一、孕妇的护理

(一)做好心理护理

怀孕阶段所引起的身体外形以及家庭中角色的变化、内分泌激素水平的改变,均可引起孕妇心理变化,造成压力。家政服务员要了解妊娠的心理变化,以便提供有效的护理措施,促进孕妇的调适过程。了解孕妇的心理特点,是做好孕期护理的关键所在,如表12-1所示。

(二)孕妇的衣着准备

家政服务员应该依据不同季节为孕妇选择合适的服装。理想的孕妇服装标准是能有助于纠正膨胀的外形,衣着既美观、富有时代感,又不紧缩身体。因此,其式样应该符合从肩以下宽松、无腰带、便于洗涤。孕期提倡穿弹性好的连裤袜,避免穿环形袜带以及圆口松紧的长筒袜,因为它们妨碍下肢静脉血液回流,加重静脉曲张。

孕妇的鞋最好按如下标准选用:脚背部分能与鞋紧密结合;具有牢固支撑身体的宽大后跟;鞋后跟高度在2~3厘米;鞋底带有防滑纹。

为孕妇选择的鞋要考虑安全性,孕妇不能穿高跟鞋或容易脱落的凉鞋。穿高跟鞋会增加腰和后背肌肉的支撑力量,加重姿势改变的程度而导致背痛和疲倦。许多平底鞋,缺乏支托作用,走路时振动会直接传到脚上,也不便于行走,同样会造成疲倦、腿痛和背痛的情况。

表 12-1 孕妇的心理护理

阶段	心理特点	护理措施
早期妊娠阶段	孕妇心理反应强烈,感情丰富,容易出现情绪不稳定、好激动、易发怒或落泪,特别需要别人的关怀。有的孕妇缺乏心理准备,表现为抑郁、沉默寡言、心事重重等复杂的心理状态,产生被保护和照顾的要求	本阶段的护理目标是促使孕妇接受妊娠。家政服务员不仅要在生活上照顾孕妇,还要在精神上关心她们,鼓励孕妇充分暴露自己的焦虑和恐惧,有助于消除烦恼,适应身体的变化
中期妊娠阶段	胎动出现、可听到胎心,使母亲体验到新生命的存在,母亲被充实并得到发展。表现为孕妇开始对胎儿的生长、发育过程感兴趣,某些孕妇情感可能变得更为敏感、易怒和喜怒无常	本阶段的护理目标是促进适应妊娠。建议她们建立广泛的社会交往,增加与母亲接触的机会,获得更多有关做母亲的知识。鼓励她们参加有关分娩的讲座,增加育儿常识
晚期妊娠阶段	妊娠 6 个月以后,孕妇在体力、情感和心理状态方面开始经历一个异常脆弱的时期。胎儿越发变得珍贵,孕妇担心各方面的危险会给胎儿带来伤害,害怕身体变化使自己保护胎儿的能力减弱,处处显得小心翼翼,期待分娩以终止妊娠	需要为孕妇提供具体的护理措施,以帮助缓解症状、减轻不适。除了指导她们认识分娩的过程,还要为她们传授技巧。增强新家庭处理问题的能力,协助家庭获得各种经验,使孕妇以最佳身心状态迎接分娩

(三) 孕妇的作息护理

由于孕妇很容易疲劳,必须向她们强调预防疲劳的意义,使其掌握有关的预防措施。休息和睡眠可以使细胞能量得以补充,是避免疲倦、消除疲劳的有效方法。休息和睡眠时间因人而异,且与每天消耗的精力有关,应该使孕妇获得自己认为需要并感到满足的睡眠时间。除每晚 8 小时睡眠外,还应使孕妇在白天至少有一个小时的休息时间。

应该让孕妇采取舒适的卧位休息,建议采取左侧卧位或座位(腿抬高),强调使孕妇心理及身体各部肌肉,如腹部肌肉、腿和背部肌肉充分松弛,同时尽可能伸展肢体,促使心脏搏出的血液更容易流向四肢。

怀孕期间参加室外运动可以获得阳光和新鲜空气。运动量的大小应根据孕妇的具体情况而定,以孕妇不感疲劳为宜。室外散步是最好的运动方式,散步不仅简单易行,还可以刺激全身肌肉的活动,并增强身体某些部位的肌肉力量,尤其是与分娩有关的几组盆底肌肉。

除散步外,应建议孕妇参加一定的娱乐活动,例如:听音乐、看电影、拜访朋友等,有助于松弛即将当父母的双方的焦虑心理,减轻精神压力,增加家庭轻松愉快的气氛。进行上述各项运动时,均必须避免过度,防止造成不适状态。为了孕妇日常活动的安全和舒适,应指导孕妇遵循下列活动原则:

(1)每天执行不同方式的活动内容(如走路、站立、座位等)。

(2)活动的时间宜短。

(3)站立时,两腿平行,两脚稍分开,把重心压在脚心附近,这样不易疲劳。需要长时间站立时,每隔几分钟变换两腿的前后位置,把重心放在伸出的前腿上,可以减少疲劳。

(4)走路的正确姿势是抬头、伸直颈部,后背挺直、绷紧臀部,保持全身平衡。每走一步注意踩实了再走第二步,以免跌跤。

(5)上下楼梯时,注意避免过度挺胸腆肚,要看清阶梯,一步步慢慢上下,使整个脚掌置于阶梯上,使用腿部肌肉抬起,自然地登每一层阶梯而不向前倾斜。尤其在妊娠晚期,隆起的腹部容易遮住视线,注意脚踩稳了再移动身体,如有扶手,应该扶着走。

(6)避免弯腰拾物,拾取地面物品时先屈膝后落腰蹲好后再捡拾。

（四）孕妇的洗浴护理

妊娠期新陈代谢旺盛，孕妇的汗腺、皮脂腺分泌增多，阴道分泌物也增加，常导致不适感。经常沐浴、更换内衣可以保持舒适。沐浴和擦身可以在孕期任何时间进行（胎膜已破者禁止沐浴）。经常洗澡既可以保持全身皮肤清洁，又可以刺激皮肤、促进血液循环，有助于松弛肌肉、清除污物、消除疲劳、振作精神，促进心神爽快，同时促进皮肤的排泄功能，减轻肾脏的排泄负担。妊娠的最后3个月，由于沉重的腹部致使孕妇身体不易保持平衡，进出浴盆动作笨拙，容易滑倒，所以不主张盆浴，建议采用座位淋浴方式。

出于对安全的考虑，家政服务员要提醒孕妇：

（1）沐浴时，地面加用防滑垫。

（2）沐浴时间不宜过长，以防发生头晕，每次沐浴时间控制在20分钟以内为佳。

（3）沐浴水温适中，最好调至38℃，过冷或过热均可刺激子宫，诱发早产。

（五）孕妇的营养护理

许多调查结果表明，孕妇的营养状况是影响胎儿健康的重要因素。孕妇营养不良，不仅影响胎儿的发育，也影响出生后婴儿的体格发育和智力发育。家政服务员应了解孕妇的营养摄取标准，科学地护理孕妇。

孕妇的营养主要包括热量、蛋白质、维生素、矿物质和微量元素，这五类营养素的摄取标准见表12-2。

（六）指导孕妇合理用药

临床资料证明，某些药物不仅对孕妇本身有害，同时对胎儿也有明显致畸作用，所以要指导孕妇谨慎用药。

许多药物通过单纯扩散、主动运转及特殊运转等方式经胎盘进入胎儿体内，直接产生毒害作用；再加上胎儿的肝、肾功能不成熟，药物在胎儿体内的代谢和排泄都较缓慢，从而延长了药物在胎儿血液中滞留的时间，致使某些对母体起治疗作用的无害药物，对胎儿产生毒性作用。尤其妊娠早期是胚胎器官形成时期,一些药物可以直接作用于胚胎,导致流产、畸形或功能异常。总之,整个怀孕期用药都应慎重,尤其在早孕阶段最好不用药,必须用药时应该在医师指导下合理使用。孕妇患有某些合并症或并发症时,必须遵照医嘱积极配合治疗,以免贻误治疗造成不良后果。

表 12-2　营养素的摄取标准

种类	摄取量	摄取途径
热量	孕早期每日需增加热量 209 千焦,中晚期每日需增加热量 837 ~ 1 675 千焦	合理安排食谱的营养比例:碳水化合物 60% ~ 65%,脂肪 20% ~ 25%,蛋白质 15%
蛋白质	妊娠期每日蛋白质总需量约 80 克,孕中期每日需增加 15 克,孕后期每日需增加 25 克	主要靠食用瘦肉、鱼、牛奶、鸡蛋、豆类等多种食品来补充
维生素	维生素种类繁多,是调节生理作用的重要物质,仅需微量便可调节身体各种器官的功能	多补充水果、蔬菜及其他富含维生素的食品
矿物质	孕妇每天铁的需要量约为 18 克,钙约 1.5 克,要警惕钠过剩现象	铁可以从精瘦肉、鸡蛋和深绿色蔬菜中获取;含钙多的食物有小鱼、海藻、鸡蛋、豆类和奶制品等;减少盐的摄取
微量元素	妊娠期对多种微量元素如锌、镁、碘等需要量增加,缺乏这些元素则影响胎儿生长和某些脏器的发育	这些元素广泛存在于牛奶、肝脏、谷类及海产品中,应在食物中补充

(七)孕期常见症状的护理

孕妇出现不适症状是孕妇普遍的经历,家政服务员要了解孕妇可能出现的不适症状,做好针对性的护理。当症状不严重时,可让孕妇休息,使症状得到缓解,还可以采取各种预防措施避免症状的发生。

(1)恶心和呕吐。是妊娠头2个月最常见的不适,约50%的孕妇有不同程度的恶心表现,1/3的孕妇有呕吐经历,以清晨最明显,少数孕妇全天频发。

护理工作应首先观察孕妇的现状,而后为孕妇提供缓解措施。根据降低焦虑状态并提供健康环境可减少恶心和呕吐的护理原理,指导孕妇全身性的预防措施有休息、放松、保持精神愉快、适当锻炼、保持环境空气流通。根据限制胃内食物容量以助改善孕期胃肠蠕动减慢的原理,指导孕妇限制液体摄入量,坚持餐后散步或少量多餐的进食原则,吃2~3块饼干后散步。此外,还可以根据减慢活动可减少消耗、避免不良刺激可减少恶心呕吐发作的原理,建议孕妇静卧20~30分钟后慢慢散步,起床时,着装等动作宜缓慢,避免油炸气味及油腻食物,餐后休息。

需要强调的是预防第一次呕吐的发生和发生时的控制很重要,因为呕吐一旦成了习惯,则很难克服。呕吐会消耗必要的营养,需注意满足孕妇每日的营养需要。如果症状严重且持续发生,应该及时处理,必要时按医嘱用药以控制症状。

(2)尿频和尿急。妊娠早期,由于子宫增大压迫膀胱,引起尿频、尿急。当妊娠12周子宫越出腹腔后,症状自然消失。妊娠晚期,由于胎头已入盆,膀胱再次受到挤压,尿频现象又重复出现。某些孕妇咳嗽、擤鼻涕或打喷嚏时有尿外溢情况。尿频、尿急以及孕期溢尿现象在妊娠终止后会自然消失。

(3)胃区不适。孕妇常有反酸、嗳气、上腹压迫感等不适,这是由于子宫增大造成胃部受压的结果。再加上孕期胃肠蠕动减弱,胃部肌肉张力低,尤其胃贲门部括约肌松弛,导致胃内容物倒流到食道下段,食道黏膜受到刺激而产生胃区烧灼感。

护理实践提示:孕妇饭后立即卧床、进食过多或摄取过多脂肪及油炸食品均会加剧"烧心"症状,故应避免。有人认为脂肪有抑制胃酸分泌的作用,因此饭前吃些奶油、奶酪制品,有预防"烧心"作用。如果已有"烧心"症状,再吃奶油制品就不起作用了,可以服用氢氧化铝、三硅酸镁等制酸剂,但应避免选用含重碳酸钠的食物(如苏打饼干)或药物,以免所含的钠离子促使水潴留,造成电解质的紊乱。指导孕妇少量多餐,可以减小胃内容物体积,以缓解症状。

(4)胀气。怀孕期,由于胃肠道活动减弱,肠内气体常易积聚引起令人不悦的腹胀,多不需特殊治疗。措施是帮助孕妇识别易引起胀气的食物,选择容易消化的食品,避免过饱情况,以少量多餐方式满足机体的需要。建议孕妇养成定期排便的习惯,适当锻炼以促进肠蠕动,预防和减轻腹胀症状。必要时可按医嘱使用缓泻剂或软化大便的药物,保持大便通畅,也有助于减轻症状。

(5)便秘。造成便秘的原因是增大的子宫推挤使小肠移位、液体摄入量及室外活动量减少、孕期肠蠕动减缓、孕期补充铁剂。解决的措施是帮助孕妇回顾促成便秘的因素,了解孕妇饮食情况,与孕妇共同讨论并使其理解液体的摄入量、新鲜水果、蔬菜及纤维素食物的重要性,以及定期排便习惯与便秘的关系。鼓励孕妇每天适量运动,以助维持良好的肠道功能。必要时按医嘱使用大便软化剂或缓泻剂,但不能养成依赖药物的习惯。建议孕妇多吃香蕉,不仅获得营养的满足,还能预防便秘,称之为"非药物性治疗方法"。

(6)背痛。随着妊娠子宫的增大,孕妇身体重心前移,为保持身体的平衡,必须采取头和肩向后仰、腹部向前突、脊柱内弯的姿势,结果使腰部和后背肌肉、韧带负担加重,引起不同程度的背痛。此外,过度紧张、疲倦、弯腰或抬举重物,妊娠子宫压迫神经以及骨盆关节松弛(尤其妊娠晚期),也是腰背疼痛的原因。

为了预防或减轻腰痛,要使孕妇了解引起妊娠早期背痛的因素,并掌握预防症状发生的应对措施。例如,在日常生活中注意保持良好的姿势,避免过度疲倦;座位时,背部靠在枕头或靠背椅的扶手上;盘腿坐姿也有助于预防背部用力。同时指导孕妇通过调整工作台的高度或座位位置的方法,保持最佳的姿势。建议孕妇有计划地锻炼以增强背部肌肉强度,这也是预防腰痛的有效措施。例如骨盆摆动运动体操,每日3次,可以减少脊柱的曲度,有利于缓解背痛。孕妇拾取物品时,应该弯曲膝盖而不弯背部,以保持脊柱的平直。

(7)眩晕。许多孕妇有眩晕现象,尤其在拥挤、空气不流通及人群集聚的场所。

护理措施是指帮助孕妇识别造成眩晕的诱发因素,针对原因采取相应的措施。告诫孕妇应该避免过快地变换姿势、长时间地站立、过度兴奋和精神过度紧张、过度疲劳。指导孕妇采取侧卧位方式,尤其左侧卧位,不仅可以改善胎儿血氧供应,还可以预防仰卧位低血压综合征引起的眩晕。如果出现的眩晕症状经上述措施处理后无效或频繁出现时,应与医师联系,以免延误病情。

二、产妇护理

产后护理主要包括饮食护理和起居护理等。这一阶段是最需要人照顾的阶段,家政服务员要密切关注产妇的身体和心理变化,加强营养调配,让产妇过好"月子"。

(一)产后饮食护理

产后生活护理的重点是饮食营养。产后饮食调养非常重要,一方面产妇自己需要营养,以补充妊娠和分娩的消耗;另一方面又要喂奶,哺育婴儿成长。因此,产后饮食的基本原则是:饭菜要高营养、多样化,粗细粮搭配着吃,荤素夹杂着吃。产后第二天可进食清淡、易消化食物,以后恢复平常饮食。食物以高营养、高蛋白、高维生素为佳,如鱼、鸡、蛋、肉、虾、豆类、新鲜蔬菜和水果。为保证体力恢复和泌乳的需要,要多饮富含营养的汤水,如鱼汤、鸡汤、猪骨汤等,晚上可以再增加一顿半流质夜宵,如牛奶、糕点等。

1. 产妇的主要食品

(1)煲汤:汤类营养价值高,易消化吸收,还能促进产后乳汁的分泌,是产妇餐的首选。能用来煲汤的原料很多,常用的是母鸡、鱼、排骨、猪蹄、牛肉、肘子等,其中鲫鱼汤是传统的下奶食品。

(2)煲粥:粥类非常适合产妇食用,主要用小米慢火来煲制,也可将小米与大米混合在一起煮,有很好的营养价值。

(3)鸡蛋:鸡蛋含有丰富的蛋白质和矿物质,很适合产妇。鸡蛋的做法很多,可以煮,也可以蒸,更多的是放入汤或粥中。

(4)红糖、红枣:这类食品含有丰富的铁和钙,可以帮助产妇补血、去寒,一般加入粥中让产妇食用。

(5)蔬菜水果:蔬菜水果含有丰富的维生素和矿物质,有助于产妇消化和排泄,应尽可能列入食谱。水果要选择新鲜的苹果、梨、葡萄、桃子等,每次餐后给产妇少量食用。

2. 月子菜谱举例

1)鸡蛋黄花汤

原料:鸡蛋 3 个,黄花、白菜心各 10 克,海带、木耳各 5 克。

调味料:酱油 3 克,精盐 2 克,味精 1 克,高汤 350 克。

做法:

(1)将海带泡好洗净后切丝。

(2)黄花拣择洗净后切段。

(3)木耳泡发、洗净。

(4)鸡蛋打入碗中搅拌均匀。

(5)锅内加高汤烧开,放入味精、海带、黄花、木耳、白菜心,烧开后再冲入鸡蛋,再烧片刻后勾芡即成。

功能:养肝明目、滋补阴血、生精下乳。本品营养全面,补益之功较为平和,并有保持大便通畅的作用,产妇食之,既可补益,又可利肠。

2)甜菜汤

特点:甜菜根含有维生素 B$_{12}$,能营养皮肤和头发;丰富的钾和铁能帮助补血、补充体力;丰富的纤维素能消除体内毒素,排除体内的废物。

原料:甜菜根、芹菜籽、葱、蒜、柠檬草、姜、薄荷叶、鸡汤、椰汁(依个人喜好)。

调料:橄榄油、柠檬汁、盐、胡椒粉。

做法:

(1)把柠檬草、蒜、姜、薄荷叶一起放入搅拌机搅碎,再倒入几滴柠檬汁,搅拌混合成糊状备用。甜菜根切丁,香葱切段。

(2)把葱和芹菜籽用油炒过,加入水用小火焖煮 16 分钟。放入刚才调好的 1/2 糊酱再焖煮一会儿。

(3)倒入 1/2 甜菜丁和鸡汤,用盐和胡椒粉调味,用文火焖煮 10 分钟。

(4)再加入剩余的甜菜丁和椰汁,用小火煮一会儿。如果喜欢味道浓郁的,可以继续加刚才剩下的糊酱。

(5)盛入汤碗后加几片薄荷叶作点缀,非常好看。

(二)产后起居护理

(1)保持室内空气新鲜。产妇卧室要舒适、整洁,冬暖夏凉。但不能紧闭窗户,因封闭的卧室空气不流通、不新鲜,母婴易患呼吸道感染;在炎热的夏天,产妇易发生中暑。所以,要经常开窗通风透气,使室内空气保持新鲜,但要注意不可让风直接吹在产妇身上,以免着凉。

(2)照料产妇做好清洁卫生。产后必须保持口腔卫生,早晚要刷牙,否则易患牙病。产后汗多,恶露又不断流出,因此必须注意清洁卫生。产后可以洗澡,但应根据环境条件、身体强弱与季节而定。若在冬天,无取暖设备,而产妇身体又较虚弱时,则每天用热水擦擦身即可。若在夏天,产妇出汗多,只要体力能支持,可以每日用温水淋洗,但不可盆浴,以免污水流入阴道引起感染。除擦身洗澡外,不论冬天夏天,必须每天用温开水清洗外阴1~2次,尤其是在大便后。衣服要勤换勤洗,月经垫也要勤换。

(3)督促产妇充分休息和适当活动。产后头两天内产妇应充分卧床休息,以消除疲劳,但不要长时间以一种姿势躺着,以免子宫偏向一侧或后倾。可起床大小便,但要先坐起片刻,不感到头昏才可下床。如产妇感到产后没有不适,24小时后即可起床活动,起初可在房中走走,以后逐渐增加活动范围和活动量。产妇半个月后就可做些轻便家务,只有充分休息并配合适当活动,才有利于子宫复原、身体康复,同时可增加食欲,减少便秘。

第十三章　婴幼儿的护理及启蒙教育

随着孩子呱呱坠地，年轻的父母在喜悦的同时，一定会想到给孩子创造一个良好的环境，并给予精心合理的护理。家庭是孩子的第一所学校，家庭环境的优劣直接关系到下一代能否健康成长，作为一名家政服务员，在接受带养孩子的同时，除了父母，就是孩子的第一位老师。因此，家政服务员的性格、行为和言语无疑会潜移默化地影响孩子的成长。

一、新生儿护理的基本技能

新生儿出生后抗菌能力比较低，家政服务员在护理过程中要有较高的护理技能，要特别注意护理方法。做好新生儿的日常护理工作，家政服务员应掌握新生儿基本护理技能。

1. 抱宝宝

新生儿头部没有控制能力，显得软软的。当以仰卧位抱宝宝时，以一只手臂支撑宝宝的头部，另一只手抱住宝宝的屁股；当以直立位抱宝宝时，用一只手支撑宝宝的头部和背部，另一只手抱住宝宝的屁股，使宝宝趴在大人的身上。

2. 宝宝哭闹的判断与处理

新生儿期宝宝哭闹主要是由于饥饿和不舒服。当宝宝哭闹时，首先检查是不是尿布湿透了，需要更换；如果排除此原因后宝宝仍然哭闹，应考虑宝宝是否饥饿，需要喂奶；假如宝宝的哭声尖锐，应该考虑也许是物品缠住了宝宝的手指或脚趾。

3. 安排宝宝睡眠

初生宝宝不能区别白天与黑夜，常有宝宝白天睡得多，夜里哭闹，因此应逐渐教宝宝晚上睡觉，白天玩耍。其具体做法是：

尽量减少夜间喂奶次数；夜间喂奶或更换尿布后使宝宝平躺，不要与其玩耍；如果宝宝下午连续睡眠 3 ~ 4 小时以上，应将他叫醒,与他玩耍,以保证晚上睡眠充足。

新生儿时期的宝宝一般不需特别培养就能自动入睡,因此不要用抱、摇等人为的方法使其入睡,只需创造一个安静的睡眠环境即可。

另外,宝宝睡觉时,可根据气温情况选择薄厚适中的被子,用两条带子在被外轻轻系上即可。宝宝睡觉的体位一般以仰卧位为宜。宝宝的枕头不要太高,一般厚1~2厘米,软硬要适中。

4. 给宝宝更换尿布

无论何种材质的尿布,更换时需按以下程序操作:

(1)在更换尿布之前,将所有的必需品(干净的尿布、柔软的毛巾、盛有温水的小盆、婴儿粉、护臀霜、婴儿专用湿纸巾等)放在伸手能及的地方。

(2)去掉脏的尿布,用一只手将宝宝的双足轻轻提起,另一只手将尿布由前而后取下,顺便擦拭阴部和臀部,然后对折,使屎尿裹在尿布里面,将脏尿布放在一边。如果只是小便,可用蘸湿的小毛巾将宝宝的会阴和臀部擦洗干净;如果宝宝大便了,先用婴儿专用湿纸巾擦掉附着在臀部的大便,再用温水和毛巾擦洗臀部。

(3)待屁股干爽后,根据情况,适量搽一些婴儿粉,如果宝宝屁股发红,则应涂抹适量的护臀霜。

5. 给宝宝穿衣服

宝宝的衣物应选择纯棉料,最好是带有布带的开身衣物,袖口肥大一些,不要有扣子,防止划伤宝宝。一般天气比较寒冷时,给宝宝穿夹衣,带尿布,外面再盖被子或毛毯;天气比较炎热时,可以只给宝宝穿单衣,带尿布,但在空调房间,则需再加盖毛巾被等。总之,新生儿的穿衣原则是:成人与宝宝在同一间屋子中,新生儿穿的衣物比成人的多一层。

为宝宝穿上衣时,将宝宝平放在床上,家政服务员一只手从外面伸进衣袖,将宝宝的手轻轻拉出;左手臂略扶起宝宝的头及背部,右手迅速将上衣从宝宝背部下面穿过,再将宝宝轻轻放平;为宝宝穿好另一只衣袖,其方法与穿前一只衣袖相同;最后,系好带子。

为宝宝穿下身衣物时,家政服务员先将手分别伸进两只裤筒,将宝宝的脚轻轻拉出,然后将裤子提到腰间即可。

6. 给宝宝洗澡

(1)准备工作:调节室温至 23～26℃,水温至 37～38℃,有条件的可使用水温计测定,如无水温计,可将手腕内侧伸入水中,以不热为宜。澡盆中水的深度以 5 厘米左右为宜。另外,需将干净的衣服、尿布等依次摆好,准备一条干净、柔软的浴巾铺好。

(2)开始洗澡:左手托住宝宝头部,并用拇指与小指将宝宝两耳护好,防止进水而引起中耳炎;右手引导宝宝的脚首先进入水中,然后逐渐降低身体的其他部位,进入浴盆。为安全起见,宝宝身体的大部分和面部应该露在水面上。洗澡过程中要经常将温水撩到宝宝身上,以保持温暖。

宝宝洗澡时的清洗顺序为:颈部→腋下→手、足→尿布区域→头部。清洗头部要使用婴儿专用香波,并注意不要使泡沫流入宝宝眼睛内。最后,用清水冲洗干净宝宝的身体与头部。

洗澡结束后,将宝宝放在铺好的浴巾上,迅速包裹起来并仔细擦干身上的水分,特别注意擦干颈部、臀部、腋下等部位。

7. 抚触婴儿

给出生后的婴儿一些抚触,可以刺激婴儿的淋巴系统,增强抵抗能力,改善消化,增强睡眠;还可以平复婴儿焦躁的情绪,减少哭泣。最重要的是抚触能促进母婴间的交流,令婴儿感受到妈妈的爱护和关怀。

在为宝宝抚触前,首先要保证室内温度在 25℃ 以上,然后播放一些柔和的音乐,调节气氛,有助于宝宝放松情绪。在抚触中,可以与宝宝进行交流,每做一个动作,都可以告诉宝宝。

抚触宝宝的注意事项:

(1)让宝宝充分休息后进行抚触按摩,但不应选择宝宝太饱或太饿时,最好在餐后半小时进行。

(2)按摩手法要轻,然后逐渐加力,让宝宝慢慢适应。

（3）不要强迫宝宝保持固定姿势。

（4）宝宝的脐痂未脱落时，腹部不要进行按摩，等脐痂脱落后再按摩。

（5）宝宝情绪反应激烈时，需停止抚触按摩。

二、婴幼儿的喂养

（一）母乳喂养

1. 母乳喂养的好处

母乳是最理想的婴儿天然食品，任何其他代乳品都不能与母乳相比。母乳中的成分是婴儿最适宜消化吸收的，它能满足 4～6 个月婴儿生长发育所需要的全部营养。母乳中还有婴儿大脑发育所必需的氨基酸，并含各种抗感染的物质，能增加婴儿的抵抗力，尤其是呼吸道和消化道的抗病能力。产妇产后 7 天内所分泌的乳汁为初乳，其特点是免疫球蛋白含量特别高，是给婴儿第一次免疫，不能轻易挤掉。在用母乳喂养时，婴儿频繁地与母亲肌肤接触，感受母亲的声音、心音，这一切都能刺激婴儿大脑，使婴儿心理发育正常，母子感情增加，并有利于产妇的子宫收缩，减少出血。另外，母乳喂养较简单，且经济，并能减少污染环节。

2. 母乳喂养的方法

用母乳进行喂养时，服务员应注意做好妈妈喂奶前的准备工作。首先在喂奶前给宝宝换好尿布，并准备干净的清洗用品，督促妈妈用温开水揩乳头，并挤掉几滴奶。初生的宝宝有时吃奶时会睡着，如遇这种情况，可以轻轻协助妈妈做一些小动作。如：捏宝宝的鼻翼、耳廓、刺激脚心把宝宝弄醒再喂。宝宝吃完后，把宝宝抱起，让他伏在妈妈的肩上，然后轻轻拍拍他的背部，让宝宝打个嗝，使空气排出。把宝宝放在床上时，要让他头侧向一边，头部稍抬高，以防回奶时吸入气管。哺乳间隔时间可根据宝宝的需要，做到定时喂奶，一般间隔约为 2～4 小时。

（二）人工喂养

当母亲因某种原因不能哺乳或乳汁不足时，需要用其他乳类代替或补充，这就是常说的人工喂养。人工喂养最常用的是牛奶，牛奶的配制和喂养方法如下：

1. 调制奶粉的程序

（1）每次调配奶粉前要仔细清洗双手，首先对奶嘴、奶瓶进行消毒，消毒时奶瓶煮 5 ~ 10 分钟，奶嘴及奶嘴盖怕热，包在纱布中煮 3 分钟。

（2）用专用奶匙以平匙量出所需的奶粉，倒入奶瓶中，然后将烧开后略为冷却的温开水倒入奶瓶中。

（3）将奶瓶轻轻振荡，使奶粉充分溶解。

（4）用奶瓶夹夹住奶嘴，套在奶嘴盖上，再将奶嘴盖拧在奶瓶上。

2. 牛奶的配制

（1）鲜牛奶

由于新生儿消化机能较差，应将牛奶加开水稀释，比例为 4∶1（4 份牛奶配 1 份水），另外适当加糖。满月后可喂全奶。

（2）全脂奶粉

奶粉系鲜牛奶浓缩、喷雾、干燥制成，可按 1∶4 比例（1 匙奶粉加 4 匙开水）配制成乳汁，其成分与鲜牛奶相似。对未满月的新生儿，应将配制好的奶粉再进行稀释（同鲜奶的稀释方法）后喂新生儿。

3. 喂养方法

（1）严格掌握数量和时间。婴儿每日约需牛奶 100 ~ 120 毫升/千克体重，加糖 5% ~ 10%。可计算出一日所需牛奶总量后，再除以每日哺乳次数，即是每次的哺乳量。另外，婴儿每日约需水分 150 毫升/千克体重，因此除了配制奶粉和稀释牛奶用去的水分外，还应在哺乳间隙再单独分次喂哺温开水。

（2）严格检查奶粉的质量。代乳品没有母乳保险，在生产和配置等过程中均有被污染的可能，如婴儿吃了受污染或营养成分比例不合的乳品，易导致消化不良，进而影响到免疫能力。因此对代乳品的营养成分比例必须加以特别注意,要精心挑选优质奶粉,并严格检查生产日期。

(3)严格注意喂养卫生。一是挑选奶瓶橡皮嘴的大小、软硬要合适(奶嘴过小流奶不畅,婴儿用力吸会疲劳;过大流奶太快,易引起呛奶;过软没有弹性,妨碍吸乳;过硬又使婴儿吮吸费力)。二是对配制乳液所需要的用具、食具都必须进行消毒灭菌。三是乳液喂前要加热,加热的温度要适宜,可将奶滴于腕部,以不烫手为宜;四是严禁喂变质和过期的乳液。

(4)严格把握喂奶速度和姿势。喂奶时不宜过快,太快易引起婴儿呕吐,正常婴儿可在 10 分钟左右将定量的乳液吸完。喂奶时奶瓶要倾斜一定角度,调节到奶嘴头中始终装满奶液即可。

(5)做好喂奶后的消化工作。喂奶完毕应抱起婴儿,让他伏在大人肩上,轻轻拍他的背打嗝,然后轻放到床上,头侧向一边,头部稍抬高,以免回奶时吸入气管内。

(三)婴幼儿辅食添加的方法

随着宝宝长大,单靠乳类食品在质与量及营养等方面,就不能满足宝宝需求。从出生到 1 岁的宝宝,胃容量逐渐增加;6~7 个月后的宝宝渐出乳牙,所以要逐渐增加食物,而且还应逐渐补充各种维生素。此外,添加辅食也为断奶做好了准备。

1. 添加辅食的顺序

出生 3~4 周,添授新鲜果子汁水及供给维生素 D、钙剂(这是指人工喂养或混合喂养的婴儿)。

出生 4 个月后,因储藏在婴儿肝脏的铁质在婴儿 5~6 个月时逐渐用尽,此时应补充铁质,可用煮熟的蛋黄,从四分之一个到三分之一个,逐渐加至 1 个。

到 5 个月时,可吃少许蒸鸡蛋,还可加菜泥及新鲜水果,应选用纤维少的绿叶蔬菜,如用小白菜、胡萝卜做成菜泥,如用苹果、梨、桃、柑橘等水果榨成果汁,以提供矿物质及维生素。婴儿在 3~6 个月时唾液腺发育完全,唾液量显著增加,并富有淀粉酶。

所以,5~6个月的婴儿可添加烂粥或面条、面片,自1汤匙开始,逐步加量及次数,还可加饼干以促进孩子咀嚼肌、颌骨、牙齿的发育。

出生6个月后,可将碎菜拌入粥内喂食。

出生7~8个月时,可添授新鲜的、做成细末的瘦肉、肝、鸡、鱼等,还可加喂豆浆,这些食品含有丰富的蛋白质、维生素及矿物质等多种营养,婴儿在这时也最需要这些营养。

出生9~12个月时,可逐渐加喂煮烂的面条、厚粥、软饭、面包、碎菜、豆制品等。至宝宝出牙后,可以加烤馒头片、饼干,以锻炼牙齿的咀嚼能力。

2. 添加辅食的要求

给婴儿添加辅食要按月龄顺序,每次添加两种辅食,待婴儿习惯后再加另一种。

添加辅食时先自少量开始,待试用3~5天,婴儿反应良好,大便正常,再增加数量与次数。

3. 添加辅食的原则

添加辅食要由少到多、由稀到稠、由单一到多样。若婴儿腹泻或患病,应暂停添加辅食。炎热季节,胃肠消化能力减弱,应慎添换,以免导致消化不良。另外,不能以成人的食物代替辅食,要专为婴儿新鲜配制。

(四)辅食的制作实例

1. 菜泥

材料:青菜或菠菜150克,油及食盐少量,水1碗。

制作:将菜洗净切成小段备用,先将水煮沸,把菜放入沸水中约煮10分钟,将菜煮烂;用干净的筛子,将煮烂的菜过滤,除去菜中的渣,筛下的泥状物即是菜泥;起油锅,将菜泥放入,炒片刻后加盐,再放入粥中搅拌。

2. 胡萝卜泥

材料:新鲜胡萝卜。

制作:将新鲜胡萝卜洗净、去皮,取中间黄心,稍切细,加清水煮烂,取出放在筛子中,用食匙压叩成泥,即得胡萝卜泥,可加入粥中煮吃或炒吃。

3. 猪肝泥

材料:猪肝 200 克,葱、姜、黄酒、盐、油少许。

制作:先将猪肝洗净,放在砧板上用刀将猪肝切开,并在切处轻刮,刮下的泥状物即成肝泥;起油锅将猪肝泥放在锅中清炒,加葱、姜、黄酒以去腥,烧熟煮透后加入食盐;将做成的肝泥与碎菜拌和成菜肴,或混入粥(或面条)中同食。

4. 鱼泥

材料:选择少刺的河鱼或带鱼、鲳鱼等 1 条,葱、姜、黄酒、油、水少许。

制作:洗净后,将整条鱼蒸熟,去骨、去皮后将鱼肉压碎;起油锅,将鱼泥清炒片刻后加葱、姜、水、黄酒即成。

5. 肉糜

材料:瘦猪肉一块(约 100 克),油少量。

制作:将肉洗净除去筋皮,用刀将肉剁碎,起油锅将肉糜放入清炒,然后加水蒸烧,煮透放入粥或面中同食。

(五)婴幼儿食谱举例

1. 婴儿食谱举例,见表 13-1。

表 13-1　婴儿食谱

次数	月龄			
	2~3 月	4~6 月	7~9 月	10~12 月
	不定时	约 3~3.5 小时	3.5~4 小时	4 小时
第一次(晨)	母乳、鱼肝油 4~5 滴、钙粉 5 克,每日 2 次	母乳、鱼肝油 4~5 滴、钙粉 5 克,每日 2 次	母乳(牛奶)、饼干 3~4 片或馒头片 2 片、鱼肝油 5 滴(夏季免去)、钙粉 5 克,每日 2 次	母乳(牛奶)、饼干 3~4 片或馒头片 2 片、鱼肝油 5 滴(夏季免去)、钙粉 5 克,每日 2 次

续表

次数	月龄			
	2~3月	4~6月	7~9月	10~12月
	不定时	约3~3.5小时	3.5~4小时	4小时
第二次（上午）	母乳	母乳、蛋黄半只	蛋花、鱼泥碎菜粥、面、蛋黄半只、鱼末25克、碎菜25克、粥（面）1小碗	肉末碎菜粥（面）：肉末25克、碎菜50克、粥或面1小碗
第三次（中午）	母乳	母乳	母乳（牛奶）	面包片2片或饼干3~4片、母乳
第四次（下午）	母乳	母乳、蛋黄25克	母乳（牛奶）、烂粥、小碗肉末、碎菜、豆腐、肉末16克、碎菜25克、豆腐1/3块	烂饭（厚粥）半碗、母乳、肝末碎菜：肝末25克、鸡蛋半只、碎菜25克
第五次	母乳	母乳	母乳（牛奶）	母乳（牛奶）
第六次	母乳	母乳		
第七次	母乳（必要时）			

2. 1~2岁幼儿食谱举例，见表13-2。

表13-2　1~2岁幼儿食谱

	春季	夏季	秋季	冬季
早餐	鲜豆瓣泥粥	白粥咸蛋	蛋花粥	赤豆泥粥
点心	豆浆（牛奶）	豆浆（牛奶）	豆浆（牛奶）	豆浆（牛奶）

	春季	夏季	秋季	冬季
午饭	烂饭、肉末碎菜、胡萝卜	红烧牛肉末、番茄洋葱面	烂饭、炒肝末、豆腐	肉末、青菜、煨面
点心	蛋花汤	绿豆泥汤	豆沙酥饼	枣泥粥
晚饭	烂饭、鱼圆烧豆腐、碎豆苗	烂饭、葱油炒蛋、碎鸡毛菜、碎豆腐干	肉末荠菜、烂饭	烂饭、肉末、胡萝卜土豆泥汤

3. 2 ~ 3 岁幼儿食谱举例,见表 13-3。

表 13-3　2 ~ 3 岁幼儿食谱

	春季	夏季	秋季	冬季
早餐	豆浆、松糕、肉末、荠菜、豆腐干	豆浆、馒头、乳腐	豆浆、葱油菜包	豆浆、甜山芋
午餐	菜饭、豌豆、炒蛋	热伴面、肉丝香、千拌绿豆芽	烂饭、洋葱、猪肝、粉皮	咸鲜肉片煨饭、青菜碎泥、豆腐、细粉汤
点心	菜肉包子	西瓜、饼干	土豆泥饼	豆沙包
晚餐	烂饭、红烧土豆、牛肉、胡萝卜(碎)	烂饭、肉圆、冬瓜、番茄汤	鸡毛菜、肉糜小馄饨	烂饭、烩鱼圆、黄芽菜

(六)婴儿断奶

1. 断奶年龄

婴儿断奶的时间最合适是周岁左右,但对婴儿个体来说要讲求实际具体,如体质较差或者处于病期的婴儿可以适当延长喂奶时间。

2. 断奶方法

(1)做好断奶前辅食添加的工作。如果辅食添加得顺利,断奶只是一个逐渐过渡的过程,丝毫也不困难。在婴儿6~7月时就可用辅食逐渐取代奶,这样使辅食逐渐变为主食。每日喂奶2次,早晚各1次。

(2)把握好断奶的时间季节。婴儿断奶的最佳时间在春秋季节。炎热的夏天,消化液分泌少,胃肠功能弱,容易发生消化功能紊乱。而冬天天气寒冷,新陈代谢相对缓慢,也不宜断奶。

(3)注意断奶后的喂养。大多数婴儿都能顺利度过断奶关,关键是要注意断奶前后这段时间的喂养。婴儿在一周岁时的生长发育较其他时间快,在这段时间里,婴儿从以奶类为主过渡到以食品为主,若处理得当,就能为婴儿今后的健康打下良好的基础,否则就会导致消化不良、营养不良,从而造成体质衰弱,免疫能力差。

三、婴幼儿的护理

(一)婴幼儿生长特点

1. 体重

体重是体格发育的主要指标之一,可以从中推测婴儿的营养和健康状况。习惯上常以出生时体重为基数,4~5个月时,体重约为出生时的2倍,1周岁时约为3倍,2周岁时约为4倍。

2. 身高

婴儿出生后第一年身高增长最快,平均增长25厘米;第2年平均增长10厘米;以后至青春期平均每年增长4~7.5厘米。

3. 头围

婴儿出生后头半年头部发育最快。新生儿平均头围约为34厘米,在头半年可增加9厘米,后半年增加3厘米;一年后约为46厘米;第二年增加2厘米,第三年增加1~2厘米,3岁幼儿的头围约48厘米,6岁儿童约为49~50厘米。

4. 胸围

婴儿刚出生时胸围小于头围约1~2厘米,至1周岁左右胸围赶上头围,到12~21个月时胸围可超过头围。

5. 牙齿

婴儿出生后约 6~8 个月时开始出牙,少数可早在 4 个月或迟至 10~12 个月时出牙;周岁时约有乳齿 6~8 颗,2 岁半左右 20 颗乳齿出齐,6 岁以后开始换恒牙。

(二)婴幼儿智力发育与训练

小儿智能发育状况可以从感觉、动作、语言、大小便控制、卫生习惯的培养等几方面来反映。

1. 感觉的发育与训练

婴儿出生 2~3 周已经出现视觉集中,同时形成了集中听觉。2 个月时眼睛能随物转动 90 度~180 度,视觉距离随月龄增长而改变。训练婴儿视觉和听觉可用色彩鲜艳(如红色)、体积较大的玩具,并让其听悦耳柔和的音乐。婴儿最喜欢的是大人的脸和声音,所以平时要多和婴儿面对面的带笑讲话,并经常触摸婴儿的皮肤、脸、手,刺激知觉,促进发育。

2. 动作的发育与训练

婴儿动作发育顺序为一看、二听、三抬头、四撑、五抓、六翻身、七坐、八爬、九扶站,1 岁左右的宝宝已会走路。对婴儿动作发育的训练,应比生理发育略为超前进行,如爬的动作能锻炼婴儿全身肌肉,6~7 个月的婴儿就应开始训练。要重视宝宝手的动作培养,俗话讲:"心灵手巧"。训练顺序为:3~4 个月时,应训练宝宝双手扶杯子或奶瓶;4~5 个月时训练宝宝取胸前的玩具;6~7 个月时让宝宝伸出一只手取物;7 个月的宝宝应会拿饼干吃;7~8 个月让宝宝将物体在两手之间互相传递;8~9 个月时宝宝应能用拇、食指捏取细小的物体;10 个月以后的宝宝应能将物体来回挪动,或一件件递给成人。

3. 语言发育与训练

语言是智力发展的基础,1 岁以前是学语言的准备阶段,从听声音、模仿发音到理解语言。出生第 1 年按月语言发音顺序为:一哭、二静、三发声、四咿、五呀、六爸妈、七与八模仿、九会意、1 岁懂话会叫人。平时要多与宝宝讲话,让他多听,促使宝宝的语音发展。语言发育的重要时期为出生后 9~24 个月。小儿学习、了解语言最初靠观察谈话人的面部表情及手势。因此与孩子谈话要和蔼、缓慢、清楚,当发现口齿不清,发音不准或口吃时,要耐心地纠正。

4. 培养良好的生活卫生习惯及独立生活能力

在睡眠习惯的培养方面,应该让宝宝独睡、自动入睡,不拍、不摇、不含奶头。睡前应让宝宝排除大小便,并要求开窗睡,不蒙头。饮食习惯应定时定量,不偏食、不挑食、不吃零食、不剩饭菜、不边吃边玩。1 岁半时,让孩子学着自己用勺吃饭。

大小便习惯的培养,应从出生 5~6 个月开始,在每天睡前、醒后、吃奶前后"把"尿;在每天估计有大便时"把"他。10 个月左右可以训练孩子坐便盆。2~3 岁时应控制在夜间不小便,1.5~2 岁应穿满裆裤。

清洁卫生习惯的培养,应督促宝宝养成饭前、便后要洗手和常常剪指甲的习惯,以便把住"病从口入"这一关。宝宝 3 岁以后可以练习刷牙,以预防龋齿。

(三)加强体格锻炼,提高儿童体质

1. 晒太阳

自婴儿出生至满月,每天应晒 15~30 分钟的太阳,晒时要使宝宝的肢体和臀部裸露,因日光中的紫外线能帮助人体合成维生素 D,可以预防小儿佝偻病。冬天晒太阳时间应在中午前后为好,但不要让宝宝隔着玻璃窗晒太阳;夏天则可在早上或傍晚时歇于树阴下。

2. 户外活动

根据婴幼儿好动和喜爱游戏的特点,每天都应让宝宝在室外活动 1~2 小时,使宝宝在游戏中得到锻炼,但要注意安全。在冬季、深秋或早春时期,活动前应脱去外衣,结束后则及时为宝宝穿好衣服。

3. 体格锻炼注意事项

锻炼要从小开始,并应坚持不懈。适应外界环境应循序渐进,使婴儿的机体逐渐习惯于不同强度的刺激。如开始活动时,要选择风和日暖的天气,逐渐过渡到低温天气,并增加时间和次数。另外,要注意个体差异,不能强求一律,要根据婴儿的体质状况进行锻炼。

(四) 预防接种

为使孩子有健壮的身体,卫生防疫部门安排的预防接种从婴幼儿就开始了。在做好婴幼儿预防接种时要注意以下几个事项。

1. 做好预防接种前的准备工作

每个婴幼儿都要按时接种,但在预防注射前要做好相关准备工作。一是要严格观察宝宝的身体状况,看宝宝是否有不适的反映。如宝宝发烧、患有湿疹或体质过敏、哮喘以及其他慢性病,不宜接种。如果宝宝身体没有什么反映,在进行预防注射的前一天应给宝宝洗个澡,确保宝宝的身体清洁,注射后当天不能再给宝宝洗澡,确保宝宝创口的干燥和卫生。

2. 做好预防接种后的护理工作

有的婴幼儿注射预防针后,可能有发热、全身不适、胃口差、注射部位红肿等反应;有些年龄小的婴儿会因此而哭闹,这是正常现象,过 2～3 天就好了。注射预防针后,要给宝宝多喝水和果汁。

3. 掌握预防接种的项目和时间

婴幼儿各时期预防接种顺序见表 13-4。

(五) 常见病及其护理

1. 佝偻病

(1)病因:佝偻病是由于日光照射不足,含维生素 D 的食物摄入不足或生长速度过快引起。

(2)症状:主要表现为囟门增大、夜惊、多汗、烦躁不安、枕秃等症状。

(3)预防:坚持户外活动,多接触日光。当宝宝满月后,开始喂给鱼肝油,每天从 1 滴开始逐渐增加至 5 滴,早产儿应提早 2 周开始喂鱼肝油。2 岁以后,宝宝生长速度减慢,户外活动较多,可不再服用鱼肝油。

表 13-4　婴幼儿预防接种顺序

接种年龄 免疫制品	出生	一足月	二足月	三足月	四足月	五足月	六足月	八足月	一岁	二岁	三岁	四岁	六岁
卡介苗	✓			✓									
脊髓灰质炎三价混合疫苗			✓	✓	✓					✓		✓	
百日咳、白喉、破伤风混合制剂			✓	✓	✓	✓				✓			
麻疹活疫苗								✓				✓	
乙型脑炎疫苗									✓	✓			
流脑多糖菌苗											✓		✓
乙肝疫苗	✓	✓					✓						

(4)护理:合理喂养,是预防佝偻病重要因素。小儿不宜长期食用单一淀粉类食物,应按时添加辅食,多到户外活动,增加日光直接照射机会。另外,由于佝偻病患儿易出汗,应注意患病宝宝的皮肤及头部清洁,出汗应及时擦干,以免着凉。

2. 小儿肺炎

(1)病因:主要是患有佝偻病、营养不良、贫血症的宝宝,机体免疫力较差,最易患此病。另外也有接触性感染的可能。

(2)症状:小儿肺炎起病急,表现为发热、咳嗽、气急、烦躁不安、面色苍白等,有时可伴有呕吐、腹泻、口唇青紫及鼻翼扇动。

(3)预防:坚持户外锻炼,增强体质,合理喂养,改善营养状况,避免与呼吸道感染的病儿接触(减少感染机会),如有呼吸道感染应及时治疗。

(4)护理:要注意室内清洁舒适,空气新鲜,保证宝宝的休息时间;体温高时可用冷毛巾湿敷或用冰袋冷敷,还可用酒精擦浴来降温;饮食要富有营养,易于消化,供给足够的水分;保持口腔清洁,饭后、睡前要漱口,同时应保持大便通畅,并根据医嘱认真用药。

3. 小儿腹泻

(1)病因:小儿腹泻可能会因喂养不当,饮食过多、过少或成分不适宜,食具不洁(细菌和病毒由口而入)引起,也可因感冒、肺炎及气候突变、冷暖失调等因素诱发。

(2)症状:如果是轻度腹泻,患儿大便次数稍增多,大便呈黄色、黄绿色稀糊或蛋花样,味酸臭,并混有少量黏液或奶瓣,患儿偶有恶心、呕吐。如是重度腹泻,患儿大便次数明显增多,每日在10次以上,甚至几十次,并有恶心、呕吐、前囟门与眼窝明显凹陷,尿少或无尿等脱水症状,患儿精神萎靡或烦躁不安,甚至昏迷不醒、抽风。

(3)预防:宝宝喂奶要定时,量不宜过多,添加辅食不宜过急或突然改变食物性质,食品要新鲜。对人工喂养婴儿要注意奶瓶、奶具的消毒。

(4)护理:首先是控制饮食,少吃甚至不吃(停3~4次奶),让消化道得到充分休息,以便恢复正常的消化功能,但同时应多给孩子补充水分。要随时准确记录大小便次数及量,要勤换尿布,每次大便后用温水清洗宝宝的臀部,并涂些油膏,以保护肛门周围皮肤,预防红臀。要调节饮食,对人工喂养的患儿可喂稀释奶(二份牛奶加一份米汤或水,再加5%的糖)。如果有母乳喂养最好,可给患儿富有营养、宜消化的饮食,并给予水分补充。

(六)传染病及其护理

1. 百日咳

(1)病因:百日咳是由百日咳杆菌通过飞沫传播的,传染性很强,健康婴儿一旦接触患儿,约79%～90%会发病。

(2)症状:百日咳刚得病时很像感冒,打喷嚏、咳嗽、伴有低烧。3～4天后咳嗽越来越重,往往咳得面红耳赤,口唇青紫。咳到一定程度,不得不长长吸一口气,此时喉咙发出像鸡鸣的声音,这种咳嗽叫痉咳。每次咳嗽后,常常呕吐出大量的黏稠痰液。一般以夜间咳嗽次数为多。由于咳嗽频繁,面部、颈部可见出血点及眼面浮肿。

(3)护理:保持室内空气新鲜,适当通风,让患儿休息。要使患儿心情舒畅,可通过讲故事、看儿童书、玩玩具,分散患儿的注意力,减少咳嗽次数。给患儿哺乳时不宜太快,吸几口休息一下,不要引起呃逆。1岁以内的患儿如在家治疗时,要加强观察,防止患儿咳嗽引起的呕吐物误入气管而发生危险。喂食时间应选择痉咳呕吐后的片刻,一般来说,刚吐完再喂,不易发生咳嗽,也不致于造成呕吐。每次喂食量宜少,每天多喂几次,宜选择偏干、营养丰富、易消化的食物,如肝泥、瘦肉汤、菜汤、牛奶(少放糖)。对患百日咳的婴儿,应在医生指导下使用抗菌素。

(4)预防:按时接种预防百日咳的疫苗。

2. 水痘

(1)病因:水痘由水痘病毒引起。病毒可由空气传播,也可通过日常生活用品传染。

(2)症状:初起时稍有发热,全身不适,1～2天内即出现细小红色斑疹,以后变成水疱,有痒感;3～4天后疱疹干燥结痂,皮痂在几天内先后分批出现,主要分布在躯干和头面部,四肢较少,这是水痘皮疹的特征,病程约1～3周。

(3)护理:水痘病儿应予以隔离,直到痘疹全部结痂为止。让患儿多休息,保持皮肤和手指清洁,避免搔抓。如皮疹已破,可涂

1% ~2% 的龙胆紫。患儿的衣服被褥应勤换勤洗,保持清洁。

(4)预防:没出过水痘的宝宝,应避免与患水痘的患儿接触。但得过水痘后,身体里就有了抵抗水痘病毒再次侵袭的抗体,所以人一生只得一次水痘。

3. 流行性腮腺炎

(1)病因:腮腺炎俗称"大嘴巴",主要是由腮腺病毒引起。

(2)症状:潜伏期 2 ~ 3 周。一般急性发病,是以发烧、腮腺肿胀、厌食、头痛为主要症状。2 ~ 3 天后表现为一侧耳垂下肿胀,几天后两侧都肿胀,有触痛,张嘴和吃东西时更痛。通常四五天后才逐渐消肿。整个病程约 7 ~ 12 天。腮腺肿胀时,多伴有发热不退、胃口不好症状。

(3)护理:注意宝宝的休息和隔离治疗,多给宝宝喝开水,常漱口,保持宝宝的口腔清洁。应给宝宝吃稀食或软食,避免酸性食物和饮料。

(4)预防:避免接触患儿。得腮腺炎的病儿,要隔离至腮腺肿胀完全消退为止。

四、儿童的启蒙与教育

(一)儿童的特征

1. 生理特点

儿童从出生到 6 足岁的身心发育,是一生中最迅速的时期。具体表现在如下几个方面:

(1)大脑的发育。新生儿的脑重约为 390 克,相当于成人脑重的三分之一(成人脑重平均为 1 400 克);9 个月时,脑重增加到 660 克;2 岁半至 3 岁时,脑重增加到 900 ~ 1 011 克,相当于成人脑重的三分之二;到 7 岁时脑重达 1 280 克,已基本上接近成人脑的重量。由上可知,6 岁前儿童脑的重量增加很快,是大脑发育非常重要的时期。

(2)内脏器官的发育。6 岁前的儿童呼吸系统和循环系统的功能尚不发达,呼吸和脉搏跳动比成人快,体温也比成人高,所以最好不要让孩子过多奔跑。另外,这个时期的儿童,特别是 2 岁以前的儿童,胃的发育还不大健全,吃了东西容易呕吐。据研究,由于儿童的出汗量约等于成人的 2 倍,因此他们每天的摄水量也应相当于成人的 2 倍,故要及时给孩子补充大量的水分。

(3)动作的发育。1 岁以内的儿童的动作发育,表现在手的动作和直立行走动作两大方面,其发展的顺序为:从整体动作到分化动作,即从全身性的、笼统的、散漫的动作,到局部的、准确的、专门化的动作;从上部动作到下部动作,即从会抬头到俯撑、翻身、坐、爬、站立、行走;从大肌肉动作到小肌肉动作,即从头部动作、躯体动作、双臂动作、腿部动作,到手的小肌肉动作;而手的动作也是从拇指与四指对立的抓握动作,到逐步形成手、眼协调,能玩弄各种物体。

2～3 岁的儿童在走路的技巧上已有很大进步,不仅能比较自如地走,还能自行上下楼梯,并逐渐学会跳跑、越过小障碍物等;同时手的动作也灵活得多了,会扣、解纽扣,会画简单的图画,会叠9～10 块方木,会模仿搭桥等。

4～5 岁的儿童身体发育已很结实,能充满信心地进行各种活动,活动能力也增强了许多。

2. 心理特点

6 岁前儿童的心理特点可从以下三个阶段说明。

(1)乳儿期(1 岁以内)。这个时期的儿童从吃奶过渡到断奶,并逐步学会吃普通食物;从躺卧状态到学会用手操纵物体和行走;从完全不会说话到掌握一些最简单的词进行最初步的交际。上述三个变化,使儿童开始出现了直立行走、双手动作和语言交际这三个人类的主要特点。

(2)婴儿期(1～3 岁)。这一阶段的儿童心理发展发生重大变化:一是能独立行走,扩大了生活范围,能接触并认识较多的事物,由于手的动作的发展,能开展摆弄实物的活动;二是语言得到迅速的发展,从单词句阶段(其特点是重叠发音,一词多义,以词代句,以音代物)到简单句阶段(其特点是说话积极性高,语句结构多为名词,也开始用一些动词,喜欢模仿成人说话,词量增多了),并能用语言控制和调节自己的行动;三是开始从事最初的游戏活动,会用积木搭成房子、围墙等;四是思维呈直觉行动性的,就是孩子认识事物、进行思考,都是在直接接触的事物或活动中进行的,而离开了具体的事物和具体的活动,就不能进行认识和思维。

(3)幼儿期(3~6岁)。幼儿期也称学前期,是儿童正式进入学校以前的一个时期。这个时期儿童的心理特点表现在三个方面:第一,由于儿童身心各方面的发展,初步产生了参加社会实践生活的愿望,但能力还是十分有限,因此,在愿望和能力之间产生重大的矛盾。而游戏活动是解决这一矛盾的主要活动形式,所以这一时期儿童的主要活动是游戏活动。第二,各种心理过程带有明显的具体形象性和不随意性,而抽象概括性和随意性只是刚刚开始。各种心理过程(包括感知觉、记忆、注意、想象、思维、情感、意志等)大都是无意的行为,有意行为还刚开始。例如儿童的思维在3岁时是由行为和动作引起的,是先做后想,或是边做边想的,到5岁时抽象概括思维才开始萌芽。第三,从这个时期起,儿童开始与同伴一起拍球、跳绳、跑步等活动。

(二)儿童教育的内容与方法

1. 家庭中的德育

德育是指品德教育。幼儿的可塑性大,具体可从以下三方面着手。

1)培养儿童爱的情感

在培养教育儿童爱的情感方面主要有四个方面:

一是教育儿童爱自己的父母,了解父母的养育之恩。

二是教育儿童爱自己的家乡,爱自己的祖国。

三是教育儿童爱同胞,爱周围所有的亲人和朋友。

四是教育儿童爱劳动,经常引导宝宝做一些力所能及的事。

2）培养儿童良好的习惯

良好的习惯包括生活卫生习惯（个人卫生和公共卫生）和行为习惯（友爱同伴、爱惜公物、讲礼貌、守纪律等）。这是一种社会公德，这种公德一旦形成，将使孩子终身受益。俗语说："从小看大、三岁知老"，就是这个意思。应如何进行培养呢？

（1）反复让儿童练习。给宝宝练习时，应创造些条件，假设些情境，将需要练习的内容编成儿歌或游戏，使宝宝易学、易做，并感到生动、有趣。

（2）为孩子树立榜样。孩子的模仿性很强，要求孩子做到的，大人必须首先要做到。如要求孩子不乱扔杂物，大人自己首先要做到。

（3）要坚持说理。应用摆事实、讲道理的办法，帮助孩子分清是非，懂得应该怎样做。说服的方法很多，除了一般讲道理外，还可采用讲故事的方法启发、教育孩子。

3）帮助孩子克服任性性格

（1）当孩子用哭闹的手段来表示抗议时，必须分析原因，并采取相应的对策：

第一种是伤心的哭，是真哭。这是因为孩子受到委曲而伤心至哭，长辈要安慰，不要责备。如果是长辈的过错造成孩子伤心至哭，长辈应作必要的自我批评，使孩子消气。

第二种是暴跳如雷地哭。对于这样的孩子，长辈要用低音调来处理，使孩子感到你很沉着，他的激动就会逐步降低。

第三种是没完没了地哭，有时是假哭。对于这种情况，长辈可不予理睬，对他进行冷处理。

第四种是莫名其妙地哭。这种孩子可能是身体不好，长辈应及时关心，找出原因。

（2）要正确分析与处理孩子的合理要求与不合理的要求。对合理的要求要尽可能地去满足他，实在办不到的也要讲清道理。对于孩子不合理的要求，做长辈的要态度一致地予以拒绝，决不能心软迁就。而当孩子改变主意,表示顺从时,长辈应在适当场合给予表扬。

(3)注意不要使孩子大脑的兴奋过程和抑制过程发生"冲突"。如要求孩子停止某一活动前,要给予提醒,让他有充分的思想准备。不能在孩子看有趣的图书,或玩有趣的游戏时,突然要求孩子立即中断行为。此外,应为孩子建立合理的生活制度,并根据孩子的性格采取适当的方法。

2. 家庭中的早期智力开发

6 岁前的儿童是智力发展的敏感时期,也是接受教育的最佳期,应着重注意以下几点:

1)培养儿童对周围事物的兴趣

(1)保护儿童的好奇心,让儿童充分运用自己的感官去观察、认识周围的世界。

(2)儿童对事物大致有三种态度:第一种是特别感兴趣的,第二种是对经常接触到的事物往往视而不见,第三种是对有的事物有害怕,甚至厌恶心理。对以上三种情况,均应进行引导,以拓宽孩子的兴趣范围,并培养孩子的求知兴趣。

2)发展儿童的智力

智力是指人认识事物的能力,包括观察力、注意力、记忆力、想象力和思维能力。

(1)教给儿童观察的方法。儿童观察事物时往往是一瞬间的,注意力极易分散,因此要培养儿童观察的方法。一是可让儿童观察事物的明显特征,如大象的鼻子、长颈鹿的脖子、大灰狼的尾巴等;二是可让儿童有顺序地观察,即从上到下,从左到右,从头到尾的观察等;三是可让孩子作比较观察,即比一比事物的异、同点;四是可让孩子作追踪观察,如蚕宝宝、小蝌蚪的生长过程;五是可让孩子进行探索性观察,如看一看鱼的内脏,或蛋壳里的蛋黄、蛋清等。

(2)打开儿童思维的闸门。思维力是智力的核心因素,可针对儿童思维直觉行动性和具体形象性的特点,让儿童动脑筋、多思考问题。

(3)展开儿童想象的翅膀。想象既能丰富孩子的现实生活,又能激发他们对未来的向往。培养儿童想象力的方法很多。一是可以带领儿童到大自然中去观察各种事物,并让孩子想象这些事物不同时期的变化和形状;二是让儿童在绘画中发展想象力;三是让儿童在游戏中发展想象力。

(4)发展儿童的口语表达能力。语言是人们交流思想的工具,而6岁前的儿童是学习口头语言的最佳时期,因此必须重视发展儿童的口语表达能力。主要方法有以下几点:

一是经常与儿童语言交流。用语言交流时最好用普通话,让儿童从理解到逐步学会用语言对话。

二是让儿童多倾听,多模仿。通过让儿童听故事,听别人说话,听朗读儿歌,听电影电视里的对话,从而让儿童积累大量的语言,在听的基础上进行模仿。

三是让儿童看图文并茂的幼儿读物。辅导儿童看书时要一页一页翻阅,边看边讲,看过的图书要放在固定的地方,这样可培养儿童从小喜欢图书,并能发展其口语表达能力。

四是引导儿童回顾自己的所见所闻。让儿童讲述自己的见闻,讲述自己看过的图书和听过的故事,念念儿歌,猜猜谜语等。

3)教给孩子一些粗浅的知识和简单的技能

(1)让儿童了解一些周围事物的名称、主要特征、生活习性和主要用途。

(2)教给儿童一些简单的绘画、折纸、泥工的技能。

3. 家庭中的健康教育和生活教育

在家庭中对儿童进行健康教育和生活教育,能促进儿童身体的正常发育,增强儿童的身体素质,养成良好的生活卫生习惯。具体内答和方式如下:

1）为儿童编制平衡的膳食

一要体现早餐吃好、午餐吃饱、晚餐吃少的原则；

二要做好一日三餐的搭配，如干稀、荤素、软硬搭配；

三要充分利用食物的互补作用，采用多种食物混合食用；

四要经常更换食谱，做到多样化、不重复；

五要讲究烹调技术，注意色、香、味的搭配。

2）设法增进儿童的食欲

一要安排良好的进餐环境；

二要养成良好的饮食习惯，要定时、定量；

三要保持儿童愉快的情绪，进餐前或进餐时不要随便训斥孩子。

3）培养儿童良好的饮食习惯

一要教会孩子自己使用调羹或筷子吃饭，并能吃完自己的一份饭菜；

二要教育孩子不挑食，少吃零食。

4）让儿童适当进行体育锻炼

一要充分利用空气、日光、水等自然因素，多让孩子到户外活动，呼吸新鲜空气，沐浴日光。可能的话，让孩子用冷水洗手、洗脸，以增加孩子的抵抗力；

二要培养儿童对体育活动的兴趣，特别是多做一些游戏。

5）注意对儿童的安全保护

家政服务员要对孩子的生命安全负责，因此在带领孩子的过程中，一定要有保护意识，保证孩子的人身安全。在带孩子时应特别注意以下几点：

（1）防止儿童玩具伤身。不要让孩子玩耍各种尖锐、锋利的物品。特别不要让孩子玩耍小型玩具，以防止儿童将小物件塞进耳、鼻、口中。平时要保管好各种药物用品，药物和用品应放置在孩子拿不到的地方；

（2）防止儿童烫伤。保管好水壶、热水瓶。给儿童喝的开水

不能太烫,洗澡洗脚时要先放冷水,再放热水。烧饭时最好不要让孩子到厨房间;

(3)防止儿童跌伤。要教育孩子不要随意奔跑,活动场地要选择平坦地或草地。孩子玩耍大型器具时不要离开并随时加以保护;

(4)做好儿童的教育引导工作。教育孩子要遵守交通规则,不乱穿马路。教育孩子增强自我保护意识,不随便跟陌生人走,并培养孩子躲避和防卫能力。

第十四章　常见病及护理知识

　　每个病人都希望得到护理人员的尊重、照顾、帮助,从而增强战胜疾病、早日康复的信心。一个称职的家政服务员,应该将爱心献给用户家中的病人,将热情服务、精心护理贯穿于整个服务工作之中。

一、护 理 技 术

(一)热敷法

　　热敷具有保暖、解除疼痛、促进炎症消散以及消除疲劳作用。热敷可分为干热敷和湿热敷两种。

　　(1)干热敷。干热敷比较方便,常被人采用,温度一般为60～70℃,但对昏迷、瘫痪、局部知觉障碍、婴幼儿及老年人则应限制在50℃以内,以防烫伤。热敷时间一般20～30分钟。采用热水袋做干热敷法时,应将热水灌至热水袋的2/3处,并排出袋内气体,拧紧塞子;然后倒提热水袋,抖动检查是否漏水;再擦干热水袋表面,装上布套,放在病人需要的部位。

　　(2)湿热敷。一般湿热敷温度为50℃,湿热敷的穿透力强,作用也强。采用湿热敷法时,可暴露病人需热敷的部位;然后将浸在热水中的毛巾拧干,并用手腕部试温,以皮肤不感到灼热为度,再敷于病人患处,盖上棉垫,以维持温度。如病人感到烫热,可揭开敷布的一角散热,每隔3～5分钟更换敷布1次。

　　禁忌证及注意点:当病人急性腹痛但诊断未明确,或面部三角区疖肿,或软组织挫伤、扭伤早期(一般在24小时内)时,禁用热敷法。对已放置热水袋的病人身体局部,要经常加以检查,如发现皮肤极度潮红,应立即停用。

(二)冷敷法

　　冷敷具有降温、镇痛、减轻局部充血和出血等作用。冷敷可分为冰袋敷和冷湿敷。

（1）冰袋敷。采用冰袋敷可将冰块放至冰袋内。如冰块体积较大，可敲成小块后放入冰袋内至 1/2 处，排气后将盖子夹紧，再外加布套，将冰袋置于病人需敷部位。用作降温时，冰袋应放在病人前额、头顶、颈部、腋下、腹股沟等部位。如鼻部冷敷，可用小塑料袋或橡皮手套装上小冰块后放在面部。冰块融化后应及时更换。

（2）冷湿敷。采用冷湿敷可将浸在冷水中的毛巾拧干，敷于病痛局部，并经常更换毛巾，持续 15～20 分钟。

（3）酒精擦浴。除冰袋敷和冷湿敷外，还可用酒精擦浴。这种方法适用于给高热病人降温。酒精有挥发作用，并能刺激皮肤血管扩张，因此能起到散热降温作用。所用酒精浓度应为 25%～35%，温度 32℃，需用量为 100～200 毫升。其方法为：关好门窗，帮助病人脱去衣服，以床单遮体。擦浴前，给病人头部放冰袋，足部放热水袋保暖。可用酒精擦拭病人四肢、腋下、腹股沟、腘窝（腿弯）、肘窝（臂弯）等处，共擦拭 15～20 分钟。擦拭完毕后用干毛巾擦干病人身体，再穿上衣服。

冷敷禁忌证和注意点：如病人大片组织受伤，或局部血液循环不好，以及枕后、耳郭、心脏部分、腹部、足底部位忌冷敷。在冷敷过程中如发现病人出现寒战、面色苍白，应立即停止操作。冷敷时间不宜过长，以免影响血液循环。对老年人、婴幼儿、体弱病人，不宜做全身冷敷。

（三）口腔护理

1. 口腔护理的作用

口腔护理能使口腔清洁，避免口腔黏膜炎、腮腺炎、鹅口疮等并发症。同时可避免口臭，使病人感到舒适，促进食欲。

2. 口腔护理的工具

口腔护理需用漱口杯、温水、痰杯、牙刷、牙膏或漱口液、毛巾、纱布、吸管等。

3. 口腔护理的方法

（1）协助病人漱口。可将病人头侧向护理人员，用干毛巾围在颈部以防止弄湿被褥；痰杯放在病人口角处，以便病人漱口、刷牙。

（2）清洗病人口腔。病人如病情较重，不能自行漱口、刷牙，护理人员可帮助病人清洗口腔。一般用浸有漱口液的纱布，裹住食指擦洗病人口腔黏膜及牙的外面、咬面、内面，再擦舌面和舌根；也可用吸管吸入漱口液，再让病人将漱口水吐入痰杯内，然后擦干病人口腔部。如有假牙的病人，在饭后、饭前应取下假牙，刷洗干净；如暂时不用，应浸泡在清水中，每天换水1次。

（四）褥疮的预防和护理

褥疮是局部组织长期受压，血液循环障碍，持续缺血缺氧，营养不良而引起的皮肤和皮下组织溃烂或坏死。褥疮本身不是原发性疾病，它是由于其他原发病未经很好护理而造成的损伤。那些长期卧床病人不能自行翻身，大小便失禁或多汗，皮肤经常受潮湿、摩擦的刺激，使皮肤抵抗力降低，以及年老体弱、营养不良和消瘦者易患褥疮。

1. 症状与护理

第一期：局部受压部位出现暂时性血液循环障碍，表现为红、肿、热、触痛。对此，可增加翻身及按摩、擦洗次数。

第二期：局部红肿向外扩大、变硬，表面皮肤由红转为紫色，常在表皮上有小水疱，病人有痛感。此时，对褥疮中心区不能按摩，应改用拇指由红肿边缘向外方向作环形轻柔按摩。

第三期：表皮水泡逐渐扩大，破溃疮面有黄色渗出液，感染后表面有脓液覆盖，病人感觉疼痛加重。在护理中应加强全身营养，提高病人抵抗力。局部可涂1%龙胆紫药水，用有罩电灯泡照射局部，照射的距离以病人不感到灼热为宜，以便促进局部血液循环，使创面干燥，加快愈合。如创面大，应送医院治疗。

2. 注意事项

（1）勤翻身。白天每隔2小时翻身1次，夜间每隔3~4小时翻身1次。

（2）勤按摩。经常用温水擦浴、擦背或用热水局部按摩。定期用50%酒精按摩全背或受压处。按摩时应自下而上，压力由轻到重，再由重到轻。

（3）保持清洁。床单要清洁、干燥、平整，被褥衣裤要经常更换、多晒。对大、小便失禁、呕吐及容易出汗的病人，更要保持皮肤清洁、干燥。

（4）放垫子。受压部位及骨突处应铺海绵垫、棉垫或气圈。使用气圈时不要充气太多，一般充气2/3即可，气圈外面加一层布，防止皮肤发生过敏反应。同时增加营养提高病人全身抗病能力。

（五）晨、晚间护理

由于疾病的影响，病人常常难以入眠，身体疲惫，通过晨、晚间护理，可使病人清洁、舒适，促进身体受压部位的血液循环，预防褥疮及肺炎等并发症，有利于促进疾病的好转。

（1）晨间护理。晨间护理包括协助病人排便、漱口（口腔护理）、洗脸、洗手、梳头、翻身和检查皮肤受压情况，并加以按摩和擦洗。在整理床铺时，可根据需要更换衣服和床单。对卧床不能动的病人，漱洗时应在病人的颌下垫一块干毛巾或塑料布，以免弄湿被褥。病人漱洗须在早饭前进行。

（2）晚间护理。晚间护理包括协助病人漱口（口腔护理）、洗脸、洗手、擦背，洗臀部和用热水泡脚，以及为女病人清洗会阴部。对卧床不能动的病人，应在其臀下放好便盆，用温水自会阴上部向下冲洗，再用小毛巾擦净，再擦肛门周围。最后进行预防褥疮的护理，并整理床铺，以促使病人安静入睡。

二、常见病及就诊常识

（一）高热及护理

1. 高热病的特征

发热是一种常见症状，引起发热的疾病很多，可分为感染性和非感染性两大类:感染性发热占大多数,包括各种急慢性传染病和局部或全身感染。非感染性包括血液病、恶性肿瘤、中暑等。

2. 护理高热病人的注意事项

(1)安置发高热病人的室内应保持空气流通、安静,以保证病人休息。

(2)热度过高可采用冰袋或冷毛巾敷病人头部、腋下、腹股沟,或用 32~36℃ 的温水为病人擦浴 5~10 分钟,增加皮肤的散热。

(3)每隔 4 小时应测量体温、脉搏、呼吸各一次,并作详细记录。如体温骤退时,由于大量出汗,应及时更换被单、衣服,切勿直接吹风,防止病人受凉,并鼓励病人多饮水。

(4)应保持病人口腔卫生,指导病人晨起、睡前、饭后刷牙或用漱口液漱口。

(5)发热病人应给予营养丰富和容易消化的饮食,如粥、面、饼干、蛋糕、牛奶、果汁等。

(6)在护理发热病人过程中,应注意观察是否伴有其他症状,如伴有咳嗽、气急、胸痛,多为呼吸道的疾病;伴有尿急、尿痛,多为泌尿系统疾病;伴有黄疸,多为肝胆系统疾病;伴有头痛、呕吐、昏迷,多为中枢神经系统疾病。如出现以上症状,均应及时送医院治疗。

(二)头痛及护理

1. 引发头痛病的原因及症状

头痛是一种常见的症状,常为多种疾病症状之一。头痛由多种原因引起,要学会能作简单的分辨。

(1)癫痫性头痛多见于少年儿童,其中 1/3 病儿有家族史,头痛部位为额部,呈短暂发作伴有面色苍白、出汗、头晕、呕吐等症状。

(2)急性感染性疾病引起头痛,多为发病急、时间短,一般头痛开始即伴有程度不等的周身不适,关节酸痛、发冷、发热。

（3）脑膜炎引起头痛十分剧烈、持久，甚至有炸裂感，伴有恶心、呕吐、高热，在移动身体、转动头部或用力咳嗽时头痛加剧。

（4）脑震荡等脑外伤头痛，呈持续性胀痛，伴有眩晕失眠、健忘、呕吐、恶心等症状。

（5）血管性头痛常见的有偏头痛，多局限于一侧，伴呕吐、怕光等症状。

（6）颅内占位性病变头痛（如脑肿瘤等）为持续性逐渐加重，伴有恶心、呕吐、视力减退等症状。

（7）蛛网膜下腔出血头痛起病急，头痛剧烈，可能有神志不清，颈项强直等症状。

2. 护理头痛病人的方法

护理头痛病人首先不要随便给病人服用止痛药，要严密观察是否伴有其他症状。如有头痛加重并伴有其他症状时，应及时去医院查明原因。在家护理，除按医嘱服药治疗外，还应严密观察药物的效果和有无副作用。

（三）腹痛及护理

1. 引发腹痛病的原因及症状

引起腹痛的原因很多，主要是腹部内脏器官出现各种病变或受全身疾病的影响。护理腹痛病人，先要问清腹痛的部位，才能大致掌握疾病。

（1）左上腹痛，常见的有胃痉挛、急性胃炎及胰腺炎；

（2）右上腹痛，可能是胆囊炎、胆石症、胆道蛔虫症；

（3）左或右腰部痛，多因肾、输尿管结石；

（4）疼痛呈阵发性绞痛，并向小腹部、会阴部放射，同时出现血尿，上、中腹及脐周围痛，多系胃或十二指肠溃疡及穿孔、肠炎、肠梗阻、肠道蛔虫症；

（5）右下腹痛，最多见的是急性阑尾炎；

（6）下腹痛，常见有盆腔炎、宫外孕破裂等。宫外孕病人多有停经史，破裂后，由于内出血很快会出现面色苍白、出冷汗、血压下降,甚至休克。

2. 腹痛病的护理

在家中,病人发生急性腹痛时,在没有确诊前,不能吃止痛片,不能打止痛针,以免延误诊断。出现任何性质腹痛,应暂时禁食,以便观察病情变化。急性腹痛发生后,要弄清疼痛开始的时间、部位,是持续性痛还是阵发性痛,以及同时出现的症状,这些都应在就诊时向医生讲清。在护理中,除按医嘱服药、打针外,还需密切观察腹痛情况及其他症状的出现。

(四)小烫伤的护理

1. 小烫伤的特征和分类

小烫伤,是指范围小,伤度又不深的烫伤,包括Ⅰ、Ⅱ度烫伤。Ⅰ度指只烫伤表皮,表现为局部红、不起泡,但相当痛,并有烧灼痛。Ⅱ度指烫伤至真皮,其特征是疼痛和起水泡。

2. 小烫伤的护理

Ⅰ度烫伤后应立即将伤处在干净的凉水里浸泡,以减轻疼痛,减少肿胀;然后局部涂上动、植物油,不一定包扎。Ⅱ度烫伤后,水疱尽量不应弄破,这是原则。如水泡过大,应立即去医院就诊。

(五)煤气中毒的急救方法

煤气中含有一氧化碳,对人的毒性很大。一般所说的煤气中毒,实际上是一氧化碳中毒。轻度煤气中毒的症状表现为头晕、乏力、恶心、呕吐等症状。中度中毒呈昏迷状,呼吸困难,皮肤、黏膜苍白或青紫。

发生煤气中毒应立即打开门、窗,将病人移至通风处,解开衣扣,保持呼吸通畅,并注意保暖。轻度患者经吸入新鲜空气,可逐渐消除症状。中度、重度中毒病人应尽快送医院抢救,如需要急救中心救助,可拨打"120",拨通后应详细叙述家庭住址,并简单扼要说明病人情况。

(六)鼻出血的护理

1. 鼻出血的原因及症状

鼻出血常见的有局部和全身疾病两种原因。外伤、鼻炎和心血管疾病、高血压病,以及血液病等原因均可引起鼻出血。鼻出血有时是全身疾病的一种信号,因此,需要医生的诊治并查明原因。

2. 护理鼻出血病人的方法

(1)应取坐位或半座位,嘱病人将流入口中的血液尽量吐出,以免咽下刺激胃部引起呕吐。

(2)用拇指与食指捏住鼻翼 10 ~ 15 分钟,同时用湿毛巾和冷水袋敷在颈部两侧的颈动脉处,促使血管收缩,减少出血。

(3)用清洁、干燥的棉花填塞鼻孔止血,并在棉花上加数滴麻黄素,但不能用酒精棉球填塞,以免加重出血。

(4)在出血时应暂时禁食,出血时间较长者,可给病人饮温或冷的汤水或牛奶,但不要给热食和硬性食物,以避免咀嚼牵动面部肌肉组织引起再次鼻出血。

(5)给病人吃蔬菜和水果,以保持大便通畅,避免因便秘而用力大便引起再次鼻出血。

(6)如鼻子大量出血不止,须立即送医院治疗。

(七)就诊常识

(1)当家人患病时,如情况危急可找急救站,或到医院看急诊,以求尽快得到治疗。

(2)一般非危重情况,可上医院看门诊。

(3)一些较大的综合医院分科较细,如不清楚应挂哪一科的号,可先向医院服务台或预检处的工作人员询问明白。

(4)如果某医院恰好没有需要看病的科,可请该院医护人员介绍上哪个医院合适。这样就可争取时间。

(5)到医院看病时,应首先将疾病的表现和经过情况向医生详细描述,以便医生确诊。

(6)如需预约做各种检查(包括特殊检查),事前应了解清楚检查前的注意事项。如作空腹抽血,需在前一天晚上 8 时起禁食。

(7)如需看专科门诊或专家门诊,事前应了解就诊日期、时间,以及挂号人次是否有限制。

第十五章　常用药品及医疗器械

本章一是介绍常用药品的剂型、剂量、用法及不良反应,二是介绍简单医疗器械,如体温计、血压计的使用方法及临床意义,以便家政服务员正确和合理地选用。

一、常用药品的使用常识

(一)解热镇痛药

解热镇痛药是一类有解热止痛作用的药物。解热药有较好的解热作用,可使发热病人体温下降,但不影响正常人体温。本类药物用量不宜过大,以免因出汗过多而导致虚脱。

1. 安乃近

(1)剂型:片剂,每片分0.25克和0.5克两种。

(2)用法:口服。成人每次0.25~0.5克,小儿每次10~20毫克/千克体重。

(3)作用和用途:具有较强的解热、镇痛、消炎、抗风湿作用,用于发热、头痛、感冒、牙痛、关节痛、痛经等。

(4)副反应及毒性:可导致白细胞减少、过敏性皮疹、虚脱等,故不宜长期服用。

2. 康泰克

(1)剂型:缓释胶囊,每粒含盐酸苯丙醇胺50毫克。

(2)用法:口服,成人每12小时服1粒,每天2次。

(3)作用和用途:能减轻鼻黏膜充血、肿胀,使鼻塞减轻,消除打喷嚏、流鼻涕症状,作用持续12小时。用于感冒、过敏性鼻炎等。

(4)副反应和毒性:口鼻干燥,轻度嗜睡,12岁以下儿童、孕妇和哺乳期妇女,以及对本药有过敏史者禁用。

3. 必理通

（1）剂型：片剂，每片0.5克。

（2）用法：每次1～2片，每日3次；6～12岁儿童每次半片；6岁以下不用。

（3）作用和用途：本药为快速、无胃刺激性的解热镇痛药，作用于中枢和外周神经而起止痛退热作用。用于感冒、头痛、关节痛、神经痛、痛经等。

4. 芬必得

（1）剂型：缓释胶囊，每粒300毫克。

（2）用法：成人及12岁以上儿童每次口服1～2粒，早、晚各1次。

（3）作用和用途：有解热、镇痛、消炎作用。用于各种扭伤、肌肉劳损、肩周炎、牙痛、痛经、类风湿关节炎、肥大性关节炎等。

（4）副反应：孕妇及哺乳期妇女慎用，有过敏者不宜使用。

5. 萘普酮

（1）剂型：片剂，每片0.5克。

（2）用法：每日1次，每次2片。

（3）作用和用途：本药为长效消炎镇痛药，有消炎、解热、镇痛作用。主要用于类风湿关节炎、骨关节炎及软组织损伤的消炎镇痛。

（4）副反应：副反应轻微，主要有胃肠道反应。孕妇、哺乳期妇女、肝病和活动性溃疡患者禁用。

6. 银翘解毒片

（1）剂型：片剂，含金银花、连翘、甘草等9种中药。

（2）用法：13服，成人每次4片，每日3次。

（3）作用和用途：有清热解毒作用。用于感冒及发热、头痛、咳嗽、咽痛。

7. 感冒退热冲剂

（1）剂型：冲剂，内含大青叶、板蓝根、连翘等中药。

（2）用法：口服，每次1包，每日3次。

（3）作用和用途：清热、解毒、凉血。主治感冒、咽痛、咳嗽等症状。

（二）镇静、安定药

本类药对中枢神经系统有广泛性的抑制作用，其作用因剂量不同而异。一般小剂量可产生镇静作用，使病人安静，活动减少，激动缓和；中等剂量可引起近似生理性睡眠，对失眠病人和正常人都有诱导催眠作用；大剂量可导致深度抑制，产生麻醉和抗惊厥作用。

安定

（1）剂型：片剂，每片2.5毫克。

（2）用法：日服，每次1~2片，每日2~3次。

（3）作用及用途：用于焦虑不安、恐惧、失眠等神经官能症，或肌肉痉挛、癫痫及惊厥等。

（4）副反应：注意此药可导致依赖性。青光眼和重症肌无力患者慎用。

（三）助消化药

此类药可以帮助食物消化，也可用于维生素 B_1 缺乏症、消化酶缺乏，以及病后消化机能减退引起的消化不良症。

1. 多酶片

（1）剂型：片剂。

（2）用法：口服，每次1~2次，每日3次。

（3）作用及用途：助消化药。用于消化酶缺乏及消化不良。

2. 酵母片（干酵母）

（1）剂型：片剂，每片0.3克。

（2）用法：口服，每次1.5~2克，每日3次。

（3）作用及用途：类似复合维生素 B，但各种成分含量较少。用作对消化不良的辅助治疗，应在饭前半小时嚼碎后服下。保存于干燥处。

(四)解痉制酸药

本类药有解除胃、肠痉挛及抑制胃酸分泌的作用。主要用于胃及十二指肠溃疡、胃酸过多症、胃炎等。

1. 胃舒宁

(1)剂型:片剂。

(2)用法:口服,每次 2 片,每日 3 次。

(3)作用及用途:适用于胃痛、胃酸过多、胃胀、胃溃疡、十二指肠溃疡等症。

(4)注意事项:在饭前半小时嚼碎后吞服。

2. 胃复安

(1)剂型:片剂,每片 5 毫克。

(2)用法:口服,每次 1～2 片,每日 3 次。

(3)作用及用途:有明显镇吐作用。用于胃炎等引起的恶心、呕吐等。对消化不良、食欲不振、嗳气等亦有效。

3. 654－2(山莨菪碱)

(1)剂型:片剂,有 5 毫克和 10 毫克之分。

(2)用法:口服,每次 5～10 毫克,每日 3 次。

(3)作用及用途:可使平滑肌明显松弛,并能解除血管痉挛,同时有镇痛作用。亦可用于平滑肌痉挛所致的绞痛。

4. 吗丁啉(多潘立酮片)

(1)剂型:片剂。

(2)用法:口服,每次 1～2 片,每日 3～4 次。

(3)作用及用途:能增加胃蠕动,促进胃排空。用于上腹部胀闷感、腹胀、上腹疼痛、嗳气、胃胀气、恶心、呕吐等症。

(五)祛痰镇咳药

本类药品为呼吸道黏液溶解剂,对黏稠的痰液有分解作用,从而降低痰液的黏度,使之液化后易于咳出。适用于支气管炎等呼吸道疾病的咳嗽多痰、咳嗽不爽等症。

1. 敌咳

(1)剂型:糖浆。

(2)用法:口服,每次 5~10 毫升,每日 3~4 次。

(3)作用及用途:可增加支气管黏液分泌,使痰液变稀。用于一般咳嗽。

2. 复方甘草合剂(棕色合剂)

(1)剂型:合剂。

(2)用法:口服,每次 10 毫升,每日 3~4 次。

(3)作用及用途:祛痰镇咳。用于一般咳嗽。

3. 必嗽平(盐酸溴己新片)

(1)剂型:片剂。

(2)用法:口服,每次 1~2 片,每日 3 次。

(4)作用及用途:祛痰药。用于咳痰困难的慢性支气管炎患者。

(4)注意事项:胃溃疡患者慎用。

(六)抗菌药

本类药品针对临床各种感染,具有抗菌作用。但要掌握不同抗菌药物的抗菌谱,只有明确病原,才能对症下药。

1. 氟哌酸(诺氟沙星)

(1)剂型:胶囊,每囊 0.1 克。

(2)用法:口服,每次 1~2 粒,每日 3~4 次。

(3)作用及用途:适用于泌尿系统和肠道的细菌感染,亦可用于化脓性扁桃体炎和急性化脓性支气管炎。

(4)注意事项:对本品过敏患者,以及肝肾功能严重不全者、孕妇、哺乳期妇女、幼儿禁用。

2. 复方磺胺甲基异恶唑片

(1)剂型:片剂。

(2)用法:口服,成人剂量每次 2 片,每日 2 次。

(3)作用及用途:用于呼吸道、泌尿道、胃肠道感染,及皮肤化脓性感染。

(4)副作用:少数病人可发生皮疹、胃肠道障碍以及粒细胞减少和肾损害。

3. 头孢氨苄(先锋霉素 IV)

(1)剂型:胶囊,每囊 0.125 克。

(2)用法:口服,每次 0.25 ~ 1 克,每日 4 次。

(3)作用及用途:用于治疗泌尿道感染,亦可用于治疗呼吸道感染。

(4)注意事项:青霉素过敏者慎用。

4. 头孢拉定(先锋Ⅵ号)

(1)剂型:胶囊,每囊 0.25 克。

(2)用法:口服,每次 0.25 ~ 0.5 克,每日 4 次,宜饭后服用。

(3)作用及用途:适用于呼吸道感染、前列腺炎、尿路感染、皮肤及其软组织的感染等。

(4)副作用:偶见胃肠道功能紊乱、皮疹、关节痛及过敏反应。要注意对青霉素过敏者慎用。对头孢类抗生素过敏者禁用。

(七)止泻药

本类药品对肠道病原菌均有一定的抗菌作用,从而达到止泻的目的。适用于肠道感染。

1. 盐酸黄连素(盐酸小檗碱片)

(1)剂型:片剂,每片 0.1 克。

(2)用法:口服,每次 0.1 ~ 0.3 克,每日 3 ~ 4 次。

(3)作用及用途:用于痢疾杆菌等的肠道感染。

2. 矽炭银

(1)剂型:片剂,每片 0.3 克。

(2)用法:口服,每次 1 ~ 3 片,每日 3 ~ 4 次。

(3)作用及用途:止泻药。用于胃肠道疾患、食物中毒或生物碱中毒。有保护肠黏膜,吸附和杀菌作用。

(4)注意事项:避光、密闭,在干燥处保存。

(八)抗高血压药

本类药主要通过扩张周围小动脉血管,而达到降压目的。

1. 复方降压片

（1）剂型：片剂。

（2）用法：口服，每次 1~2 片，每日 3 次。

（3）作用及用途：降压药。具有持久的降压作用和轻度镇静作用。适用于治疗早期及中期高血压症，偶有口干、鼻塞、疲倦感等。待血压下降后，并且持续稳定者，可逐渐递减服用剂量，维持每日服 1~2 次，每次一片。

（4）注意事项：胃及十二指肠溃疡患者忌用。

2. 珍菊降压片

（1）剂型：片剂。

（2）用法：口服，每次 1 片，每日 3 次。

（3）作用及用途：降血压。

3. 开博通（刻甫定）

（1）剂型：片剂，每片 25 毫克。

（2）用法：口服，每次 12.5~25 毫克，每日 3 次。

（3）作用及用途：本品有明显降低血压和降低外周血管阻力的作用。尤适用于经常规治疗无效的严重高血压。

（九）血管扩张药及治心绞痛药

本类药是舒张冠状动脉的药物，可改善心肌缺血、降低心肌耗氧量，从而缓解心绞痛。

1. 硝酸甘油片

（1）剂型：片剂，每片 0.6 毫克。

（2）用法：含于舌下，每次 0.3~0.6 毫克。

（3）作用及用途：主要可使全身血管扩张，并可扩张冠状血管，舌下给药 1~2 分钟后即奏效，药效可维持 15~40 分钟。用于心绞痛、胆绞痛及肾绞痛。

（4）副作用：头胀、头昏，偶可见体位性低血压。要注意青光眼患者忌用。

2. 麝香保心丸（急救必备中成药）

（1）剂型：丸剂。

（2）用法：口服，每次 1～2 丸，每日 3 次或症状发作时服用。

（3）作用及用途：益气强心。用于心肌缺血引起的心绞痛、胸闷及心肌梗死。

（4）注意事项：孕妇禁用。

（十）外科用药

本类药杀菌谱较广，能杀死各种细菌，有较强的杀菌作用。用于皮肤消毒、烫伤、创面感染等。

1. 呋喃西林溶液 0.02%

用作小面积烧伤、溃疡、脓性伤口、化脓性皮炎等表面消毒。

2. 双氧水 3%

用于清洗创伤、去痂皮。

3. 龙胆紫（紫药水）1%

用于黏膜和皮肤的溃疡，也可用于烧伤。

4. 新洁尔灭酊（硫柳汞酊） 0.1%

用于皮肤、黏膜的表面消毒。

5. 碘酊 2%

用于一般皮肤感染及消毒。

（十一）药物保管

（1）药物应按内服、外用等分类保管。

（2）药瓶上应有明显标签，药名字迹应清晰。

（3）凡没有标签或标签模糊，药物有变色、混浊、发霉、沉淀等现象，均不可使用。

（4）各类药物应根据不同性质妥为保存。容易氧化和遇光变质的药物，应装在有色、密封瓶中，并放在荫凉处，如维生素 C 等。容易挥发、潮解或风化的药物，需装瓶内盖紧，如酒精、碘酊、糖衣片、酵母片等。

（5）容易燃烧的药物，如乙醚、酒精应放在远离明火处，以防燃烧。

二、中草药的煎熬

中医是我国的传统医学。中医所用的药物以植物为最多,但也包括动物和矿物。要使中药发挥作用,关键在于掌握科学的煎熬方法。

(一)煎熬前的准备

煎熬中药前,应先将中药用冷水浸泡,水量以把药盖没为度。浸泡时间,春、秋、冬大致为 2 个小时,夏天大致为 1~1.5 小时。

(二)煎熬时间

先用大火烧开,再用文火煎。文火煎的时间要看不同的药性而定。对有渲散作用的中药,时间要少;其他的药物则时间较多,少则 5 分钟,多则 15 分钟左右。若感到不好掌握,最好请教医生。

(三)煎熬程序

煎熬中药,各种成分还有先后的区别。矿物质类的药大多要先煎,先单味煎 20 分钟到半小时,然后再放进其他药一起再煎,最后煎的是挥发性药。挥发性药一定要在其他药煎开后,才放进去一同煎,因为煎的时间长了,其中有效成分会遭到破坏。

(四)注意事项

中药中还有需要包煎的。包煎的药多是粉末状的,有的药叶上有刺或绒毛,所以必须包煎。

(五)中药的服药时间

应在饭后 2 小时服较适当。如果与进食时间太接近,会影响对药物的吸收。另外,熬中药还讲究浸药,不要用热水,热水浸往往使药外湿内干,不易煎透。

(六)煎熬中药的容器

最理想的是砂锅;搪瓷烧锅也可用,但药不宜在容器内过夜。

三、简便医疗器械的使用

(一)体温的观察及测量

1. 体温计

(1)种类:通常分为口表和肛表。口表储水银的一端较细长,可用作口腔或腋窝测温。肛表储水银一端呈圆柱形,应插入直肠测温。

(2)测量方法:

①口腔测量法测量前,将已经消毒或清洁的体温表中水银柱甩至35℃以下;然后将口表水银端斜放于舌下,让病员闭口用唇夹住,但勿用牙咬体温计。3分钟后取出口表,擦净,记录体温度数。

②腋下测量法。解开病人衣服,擦干腋下,将"甩过"的口表水银端放入腋窝深处;然后让病人夹紧体温计,10分钟后取出,记下度数。

③直肠测量法。使病员屈膝侧卧或仰卧,露出臀部;用20%肥皂液或油剂滑润肛表,将"甩过"的肛表水银头端轻轻插入肛门3~4厘米深。3分钟后取出,擦净肛表,记录度数。

(3)注意事项:在"甩表"时不可触及他物,防止撞碎体温计。测量前,病人不应吃过冷或过热的食物。对精神异常、昏迷病人及幼儿不可用口表。测温时,护理人员应在一旁照料,并用手扶托,以防体温计失落或折断。若病员不慎咬破体温计而吞下水银时,应立即口服大量蛋白或牛奶,因蛋白质会与汞结合,可延缓人体对汞的吸收,并最后排出体外。切忌把体温计放在热水中清洗,或放在沸水中煮,这样会使体温计爆碎。

2. 体温的正常值

(1)口腔温度舌下测量约为37℃。

(2)直肠温度约为37.5℃(比口腔温度高0.3~0.5℃)。

(3)腋下温度约为36.5℃(比口腔温度低0.3~0.5℃)。

（二）血压的观察及测量

血液在血管内流动时对血管壁的侧压力,称为血压。(如无特别注明,一般都是指肱动脉的血压。)当心脏收缩时,血液射入主动脉,此时动脉的压力最高,称为收缩压;当心脏舒张时,动脉管壁弹性回位,此时动脉管内压力降至最低位,称为舒张压。血压的计量,过去以毫米汞柱为单位,现在改用千帕为单位。

1. 正常血压的范围

正常成人的血压,在安静时的收缩压为 12.0 ~ 18.6 千帕 (90 ~ 140 毫米汞柱),舒张压为 8.0 ~ 12.0 千帕(60 ~ 90 毫米汞柱)。

2. 异常血压的观察

（1）高血压。收缩压在 21.3 千帕(160 毫米汞柱)或以上,舒张压在 12.6 千帕(95 毫米汞柱)或以上,即称为高血压。

（2）低血压。舒张压低于 6.7 千帕(50 毫米汞柱),收缩压低于 12.0 千帕(90 毫米汞柱)为低血压。

（3）临界高血压。血压值在正常和高血压之间,即收缩压为 18.6 ~ 21.3 千帕(140 ~ 160 毫米汞柱),舒张压为 12.0 ~ 12.6 千帕(90 ~ 95 毫米汞柱)。

3. 血压计的种类和构造

（1）血压计种类。通常包括两种,一种为汞柱式血压计(有台式或立式之分),另一种为弹簧表式血压计。

（2）血压计的构造。主要由三部分组成。

第一部分是输气球及调节空气压力的活门。

第二部分为袖带,它是一个长方形扁平的橡胶袋,外层是布套,袋上有两根橡皮管,一根接输气球,一根与压力表相接。

第三部分为血压计,分汞柱式和弹簧表式。

汞柱式:固定在盒盖的板壁上有一玻璃管,长 31 厘米,玻璃管上有刻度为 0 ~ 260 毫米和 0 ~ 300 毫米两种。每一小格刻度相当于 2 毫米。玻璃管上端与大气相通,其下端与水银槽相通。水银槽内装有水银,所以称为汞柱式血压计。

弹簧表式:弹簧表为圆盘形,盘面上标有度数(20～300毫米汞柱)。盘中夹有一指针用以指示血压数值,所以称为弹簧表式血压计。

除上述两种外,目前市场上还有一种新产品,称为电子血压计,它操作简便。详细用法可见产品说明书。

4. 测量血压的方法

1)测量部位

通常是测量上肢肘窝处的肱动脉,或下肢腘窝处的腘动脉。但下肢测量值要比上肢高出20～40毫米汞柱。

2)器具

主要有血压计,听诊器。

3)操作方法(以汞柱式血压计为例)

(1)测量前,让病员休息15分钟,以消除疲劳或紧张因素对血压的影响。

(2)病员取座位或卧位,暴露一臂。将衣袖卷至肩部。袖口不可太紧,以免影响血流。必要时可脱下衣袖。伸出肘部,搁在桌面的软垫上,手掌向上。

(3)放平血压计,将袖带内空气驱尽后平整地缠到上臂中部,松紧度以能放入一指为宜。袖带气袋的中部应对着肘窝,使充气时气袋正好压在动脉上。此时袖带下缘距肘窝上方2～3厘米,并将袖带末端整齐地塞入袖带的里圈内。然后开放水银槽开关。

(4)戴好听诊器。用左手在肘窝内侧处摸到肱动脉搏动点,将听诊器头伸进袖带内,使其紧贴肘窝肱动脉处,轻轻加压,用于固定。用右手关闭活门上的螺旋帽,并握住输气球向袖带内打气,至肱动脉搏动音消失(此时袖带内的压力大于心脏收缩压,动脉中无血液通过),再继续打气使汞柱再升高20～30毫米。然后慢慢放开活门,使汞柱缓慢下降,其速度以每秒下降2～5毫米为宜。这时要注意汞柱所指的刻度,因为当袖带内压力逐渐下降至与心脏收缩压力相等时,血液即能在心脏收缩时通过被袖带压迫的肱动脉,从听诊器中听到第一声搏动。这第一声搏动时汞柱所指的刻度,即为收缩压。随后搏动声连续不断,并增大,直至袖带内压力等于心脏舒张压力时,搏动声便突然变弱或消失,此时汞柱所指刻度即为舒张压。

(5)测量血压完毕,可排尽袖带内余气,拧紧活门上螺旋帽,解开袖带,整理后放入盒内。注意关闭水银槽开关,以防止水银倒流或压碎玻璃管。

(6)将测得的数值,用分数式记录下来,即写成:收缩压/舒张压。通常的读数顺序为先读收缩压,后读舒张压。

5. 测量血压的注意事项

(1)测量前,应检查血压计的汞柱是否保持在"0"点处,橡皮胶管和输气球是否漏气。

(2)血压计"0"点应和肱动脉、心脏处于同一水平位置。

(3)如发现血压声听不清或异常时,应重复测。可先将袖带内气体驱尽,使汞柱降至"0"点,稍待片刻后再进行测量,直到听准为止。

(4)血压计应放正放稳,不可倒置。打气不可过急过猛,以免水银从玻璃管内溢出。

(三)氧气枕的使用方法

在抢救危重病人时,如来不及准备氧气筒,或者在转移病员途中,可使用氧气枕。

氧气枕为一长方形橡胶枕,枕的一角连有橡胶管。管上装有调节器,用以调节气流。使用前,先向枕内灌满氧气,接上湿化瓶、导管和漏斗,调节流量后让病员枕于氧气枕上,借头部重力迫使氧气流出。

如使用鼻导管,可将鼻导管蘸水后自病人鼻孔轻轻插至鼻咽部。插入长度大约相当于自鼻尖至耳垂的 2/3 长度。导管插入后,病人如无呛咳现象,可将鼻导管用胶布固定于鼻翼两侧及面颊部。

四、小面积创伤的消毒与包扎

生活中难免常遭到磕伤或碰伤。如创伤面积小,而且伤口污染程度较轻,完全可作自行处理。只要保持清洁,包扎、处理得当,大多数伤口可以一期愈合。

具体处理方法为:首先要清洁伤口周围的皮肤。清洁前先用无菌纱布将伤口覆盖住,再用肥皂和水将伤口周围的皮肤洗净、擦干。如有油污,可用汽油擦去。接着,取下伤口上覆盖的纱布,用大量生理盐水或呋喃西林溶液,轻轻地冲洗净伤口。然后用新洁尔灭或其他药液消毒。最后,再在伤口上覆盖无菌纱布,并用胶布(也可用邦迪)固定。伤口若有渗血,可用止血海绵或加压包扎止血。

第十六章　卫生防疫常识

随着医疗卫生知识的普及，人们已越来越重视自我防疫、自我养生、自我保健，这是人类文明、进步的表现。本章内容旨在帮助家庭服务员提高自身及对他人的卫生防疫能力。

一、常见传染病的防治

（一）病毒性肝炎及其防治

病毒性肝炎（简称肝炎），是由病毒引起的、以肝脏病变为主的全身性疾病。病毒性肝炎分甲型、乙型、丙型、丁型和戊型五类。甲型肝炎又称传染性肝炎，由甲型肝炎病毒引起，主要经接触和口腔传染，潜伏期短，起病急，突然得病者居多。

得甲型肝炎后常伴有发热、乏力、食欲减退、恶心、上腹部不适等症状，随后部分病人出现黄疸。肝功能检查，可发现血清谷丙转氨酶（SGPT）明显升高，肝功能不正常。各人病情轻重不一，有一部分人感染后可以没有明显症状，临床上称为隐性感染。一般情况下病人经过全程治疗、休息后都能恢复健康。

乙型肝炎由乙型肝炎病毒引起，主要通过输入带有乙型肝炎病毒的血液、血制品，或通过注射（肌肉与静脉注射）等途径传染，也可能由母亲怀孕后传给胎儿，或经口腔传染。本病潜伏期长，多数是散在发病，有一部分病人的病程常常迁延，很难痊愈。

乙型肝炎一般起病缓慢，常常是不知不觉起病。病人厌食、腹部不适、恶心呕吐，有时还伴有关节痛，很少有发热，或略有发热。病情轻重不一，轻的只有做肝功能试验才能察觉。有少数病人病程迁延不愈，反复发作，演变为慢性肝炎。

预防病毒性肝炎，应注意饮食卫生，煮食前先将食物洗净，一定要烧熟。饮用水要烧开，特别要注意不要生食海产品。瓜果类要洗净后食用。餐具要消毒。饭前、便后要洗手。一旦发现病人，应及时隔离并治疗。病人使用的物品都要及时洗净消毒,一般采用煮沸消毒 20 分钟。如不能煮沸的可用药物消毒,药液应按要求配制,先浸泡 2 小时,然后用清水过净。病人用的餐具物品均要专用。此外,接种丙种球蛋白对甲型肝炎有明显的预防效果。可在接触肝炎病人之后一星期内接种。

(二)肺结核及其防治

肺结核是由结核杆菌感染而引起的呼吸系统疾病。它主要通过呼吸道传染。当肺结核病人在咳嗽、打喷嚏时,带菌的飞沫即喷入空气中,或者当病人的痰液干燥后,结核菌便会随灰尘在空气中飞扬,健康人一旦吸入,可能感染。

肺结核病的全身症状表现为食欲减退、疲乏、不适、消瘦、盗汗、午后面颊潮红、低热,妇女可出现月经不规则或闭经。肺结核病的呼吸道症状表现为咳嗽、咯痰,早期较轻微,病变扩大时痰呈脓性,量也较多。约有 1/3 至 1/2 的病人有咯血,咯血量不等,轻的可痰中带血,严重时可大量咯血,并伴有发热。咳嗽时胸痛,有时疼痛可放射到肩部和上腹部。当肺组织破坏严重时,肺代偿功能已不能满足生理需要,起先会在体力活动后感到呼吸困难,随后在静息时亦感到呼吸困难。严重时,指甲和嘴唇均可发紫。接种卡介苗可以使人体产生对肺结核菌的免疫力。目前我国规定在孩子出生后即接种卡介苗,每四年做结核苗素试验复查,对阴性者再加接种一次,直到 15 岁为止。

肺结核病应早期发现、早期治疗。对痰菌阳性患者,应适当隔离,并积极治疗。平时应注意搞好环境卫生,自觉做到不对着人打喷嚏、咳嗽,不随地吐痰,牛奶要消毒后饮用,同桌共餐应提倡用公筷,同时加强体育锻炼、增强体质、提高自然免疫力,才能减少发病。

(三)细菌性痢疾及其防治

细菌性痢疾(简称菌痢)的病原体是痢疾杆菌,是借手、食物、水和苍蝇传播而引起的急性传染病。

痢疾杆菌有很多类型,它们不耐干燥、不耐热,因此只要加热至60℃,痢疾杆菌10分钟即会死亡。各种化学消毒剂均可在短时间内杀灭痢疾杆菌。

急性菌痢起病急,症状为恶心呕吐、食欲减退、全身酸痛、畏寒、发热,体温在几小时内可高达39℃左右,儿童还可发生惊厥;患者有阵发性腹痛,腹部压痛以左下腹较明显;有腹泻,开始时尚有粪便,以后排出物即为白色胶冻状黏液,并混有血丝,每日多到十余次至数十次不等,每次大便量不多,有明显的里急后重现象。有的严重菌痢患者表现为中毒型,多发生于2～7岁的儿童,起病急,有严重的中毒症状,可在肠道症状尚未出现前即有高热、惊厥、昏迷等症状。

慢性菌痢可以迁延不愈,一般超过两个月者即可诊断为慢性菌痢,主要是由于急性期未彻底治疗,或者重复感染,机体抵抗力下降而引起的。临床上表现为反复发生腹痛、腹胀、腹泻或便秘,或有长期腹泻,大便中经常有黏液。

预防菌痢,首先要积极治疗菌痢病人和慢性菌痢带菌者,做好个人卫生,养成饭前便后洗手的习惯,不吃不洁食物,要做好水源保护,饮水消毒,搞好环境卫生,消灭苍蝇及其孳生地。

二、家庭常用消毒方法

(一)物理消毒法

是用物理方法杀灭或除去微生物。常用的物理方法有冲洗、洗刷、揩擦、清扫、铲除、通风、过滤等,用这些方法处理能大大减少微生物数量,减少感染机会,效果较好。如能结合化学消毒方法一起使用,消毒作用将更明显。

(二)化学消毒法

有多种方法,家中常用的药物有漂白粉、过氧乙酸、碘伏等,这些药物能将肝炎病毒、细菌性痢疾、肺结核菌等全部杀灭。

(1)漂白粉。为白色粉末,有刺激性氯臭,能溶解于水,水溶液中有大量沉淀物。漂白粉含有效氯28%～32%,但遇空气、日光、热、潮湿,有效氯容易损耗。漂白粉消毒可用于食具、药杯、剩余食物、空气、地面、墙壁、家具、运输工具、痰杯、便器、污水、垃圾、呕吐物、脓血、痰、粪、尿等,适用面较广。在污物水分足够的条件下,1 份污物加 0.2 份漂白粉,搅拌后加盖放置 2 小时可杀灭细菌。根据漂白粉杀菌原理,必须在一定水分条件下,才能产生杀菌物质,如果洒在干燥处就不能起到消毒作用,故要正确掌握使用方法。漂白粉有漂白作用,可使有色棉织品褪色,对布类、金属有腐蚀作用,故这类物品不能用漂白粉消毒。高浓度的漂白粉溶液对人体的黏膜有较强的刺激性。

(2)过氧乙酸。为无色透明液体,带弱酸性,有较强的酸醋味,易挥发,易溶于水,有腐蚀性,性能不稳定,遇热、遇有机物、遇重金属离子等易分解。我国生产的过氧乙酸含量为 20%。过氧乙酸可用于食具、药杯、空气、地面、墙壁、家具、运输工具、痰杯、便器、衣服、玩具、手、体温表、垃圾、玻璃类、橡皮类、塑料类等物品的消毒。常用浓度为 0.2% ~1%,可采用喷雾、揩擦、浸泡、洗刷等方法,效力能维持 30 分钟到 2 小时。用过氧乙酸熏蒸消毒时,因穿透力差,效果不理想。如过氧乙酸原液溅到眼睛、皮肤、或衣服时,应立即用水冲洗,可免损伤。过氧乙酸极不稳定,应放在荫凉通风处,其溶液按一定浓度比例配制后,隔 24 小时方可使用。

(3)碘伏。是碘与表面活性剂的不定型结合物,外观为深棕色黏稠状液体,含有效碘 0.82,有碘味。碘伏消毒用于皮肤、体温表、玻璃器皿等。常用浓度为 1% ~3%,消毒 3 分钟,浸泡消毒 30 分钟至 2 小时。由于碘伏受有机物影响较大,被消毒物品在消毒前应尽量减少有机物污染量。碘伏使用液不稳定,要新鲜配制,每天更换。

三、家庭饮食卫生

(一)食品污染的原因

食品污染是一个很复杂的问题,有工业"三废"(废水、废气、废渣)不合理的排放造成土壤和水源污染,也有农药喷洒使农作物蔬菜受污染,还会由于食品贮存时间过长、保存不妥,引起食品变质污染,或生食和熟食交叉污染。另外,食品在烹调加工过程中因未烧熟、烧透等原因,也会造成食品污染。

(二)如何防止食品变质污染

(1)为了防止食品变质污染,平时在烹调加工过程中必须要烧熟、煮透,不要里生外焦。一般食品烧煮温度在80℃以上持续10分钟,100℃持续5分钟即可。5～10月份要特别预防食物中毒发生,因为此期间气温高,细菌繁殖快,食品容易变质,所以应尽量少吃或不吃冷拌菜。如要吃,一定要保证冷拌菜制作过程中的卫生。

(2)平时对鱼肉、蛋、禽食品要购买新鲜的。腐败变质的食品切不可买,忌买无证经营的食品。购买定型包装食品,一定要看清品名、产地、厂名、生产日期、批号(代号)、规格、配方(主要成分)、保质期限、食用(使用)方法等9项规定,防止将伪劣食品买回来。

(3)食品买回来后要贮存保管好。粮食要注意干燥、低温,防止发热、霉变、生虫;鱼、肉、蛋、禽应放入冰箱内低温冷藏,以延长食品的保存期。但要注意,冰箱不是保险箱,贮存不当,食品仍会变质、受污染。冰箱的温度要控制在0～1℃左右,相对湿度保持85%～90%,冷气要足,霜要薄。生食与熟食、生食与半成品、荤菜与蔬菜均应分开放置。盆子与盆子不要叠放。吃剩的食品要冷却后再放进冰箱内保存。隔顿、隔夜的食品要回锅烧煮后再食用。果品蔬菜的贮藏温度与保鲜时间见表16-1。

(4)做好厨房用具的卫生工作。盛放熟食的盛器、刀、砧板、抹布,要经常严格消毒,以防病菌滋生。更重要的是家政服务员要养成良好的个人卫生习惯,做到勤洗手、勤剪指甲、勤理发、勤洗澡。对雇主家中来客或病人用的碗筷、茶杯,最好要进行消毒,防止交叉感染。

(5)发现食品腐败变质,切不可再食用。

表 16-1　果品蔬菜的贮藏温度与保鲜时间

种类	温度	时间	种类	温度	时间
卷心菜	0℃	3~4 天	草莓	0℃	7~10 天
花菜	0℃	2~3 周	橙	0~1℃	8~12 周
芹菜	0℃	2~4 天	柿子	-1℃	2 月
菠菜	0℃	10~14 天	樱桃	0℃	10~14 天
黄瓜	7~10℃	10~14 天	栗子	7~10℃	8~12 月
茄子	7~10℃	10 天	梨	-1.5~0℃	2~3 月
番茄	0℃	7 天	菠萝	4.5~7℃	2~4 周
青椒	7~10℃	8~10 天	香蕉	13℃	6~10 天
胡萝卜	0℃	4~5 天	芒果	10℃	2~3 周
萝卜	0℃	2~4 天	甜瓜	7~10℃	2~4 周
土豆	3~10℃	5~8 天	西瓜	2~5℃	2~3 周
洋葱	0℃	6~8 天	苹果	0℃	4~6 天
刀豆	8℃	8~10 天	桃	0℃	2~6 周
青豌豆	0℃	1~2 周	杏	-0.5~0℃	1~2 周
蘑菇	0~2℃	3~5 天			

变质粮食有霉臭味,并失去原有的色泽(甚至变色)或出现霉菌色素。

变质的肉类外表极度干燥发黏,肉质无光泽、色暗,脂肪呈灰绿或绿色,手指压上去会凹陷,且不能恢复。肉块深部有明显腐臭味。煮肉时肉汤浑浊,有黄色或白色絮状物。

变质鱼类体表色泽灰暗,鳞片脱落,鳃呈灰褐色,有污染黏液及异味,鱼眼球塌陷,角膜破裂,鱼肉无弹性,腹胀大松软,肛门突出,放在水中鱼体上漂。

变质罐头会出现"胖听"(两端向外凸起)现象,打开盖后有腐臭味或霉斑。

变质奶类食品会出现奶豆腐样变化,并有明显酸味。

变质蛋类的蛋黄浮动或散碎,呈混浊状,有臭味,蛋壳内壁有黑斑。

(6)病死的猪肉、甲鱼、黄鳝及贝壳类动物不能吃,因含有毒素。豆类和豆浆未烧熟食后会引起皂素中毒。土豆发芽后含有毒素,一般不能再吃。有毒的蘑菇不能食用。油脂酸败的食品食用后会引起神经中毒。煤炭、石油、木柴熏烤的食品含有多环芳香化合物,会引起慢性中毒。不新鲜的蔬菜、腌制品内亚硝酸盐含量高,也会引起中毒。

(7)河豚鱼是有毒的,经专业加工方可食用。常见的河豚鱼有三种,学名为暗色东方鲀、虫纹东方鲀和弓斑东方鲀,应注意识别。总的来讲,河豚鱼长有特别的嘴,嘴内上下共4只大板牙,露出嘴外,没有鳃盖,有左右2只小鳃孔,背鳍和臀鳍对称生长,鱼体呈圆形,前大后小。市场上出售的河豚鱼的鱼干,须经有关部门审批,有特种卫生许可证,经过严格加工方可食用。

第四篇　家政服务安全知识

第十七章　安全防范常识

我国正处在一个历史转折的关键时期,"改革、发展、稳定"是我们当前一切工作的指导方针,其中稳定是前提。没有社会的稳定,就不可能进行改革,就不会有经济发展。家庭是社会的细胞,做好家庭与个人的自我防范,掌握一些基本常识,对于维护社会治安稳定,保护人民生命财产安全,有着十分重要的现实意义。

一、惩治违法、犯罪行为的法律知识

(一)违法与犯罪

1. 违法

违法有广义和狭义两种含义。广义的违法,泛指一切违反法律、法规的行为。很显然,犯罪行为必定是违法行为。狭义的违法,也称作轻微违法行为、一般违法行为。它们具有一定的社会危害性,但情节显著轻微,应受到行政处罚而不能适用刑事处罚。因此,狭义的违法属于非罪的范畴,与犯罪有着质的区别。

违法行为包括很多方面,我们这里仅讨论违反治安管理的行为。它具有以下的特征:

(1)必须有一定的社会危害性。

(2)必须情节轻微,不够刑事处罚。

(3)必须属于治安管理规定的范围,且应当受到治安管理处罚的。

2. 犯罪

我国刑法规定,一切危害国家主权和领土完整,危害国家专政制度,破坏社会主义建设,破坏社会秩序,侵犯全民所有的财产或

者劳动群众集体所有的财产,侵犯公民私人所有的合法财产,侵犯公民的人身权利,民主权利和其他权利,以及其他危害社会的行为,依照法律应受到刑罚处罚的,都是犯罪;但情节显著轻微、危害不大的,不认为是犯罪。

犯罪行为具有以下的特征:

(1)必须是危害社会的行为。它划清了思想与行为的区别,是犯罪的本质特征。行为的社会危害性大小是区分罪与非罪、重罪与轻罪的主要标志。

(2)必须是违反刑法的行为。这一特征表明,仅违反民事法律或其他行政法规仍属于轻微的或一般的违法行为,不构成犯罪。

(3)必须是应受刑罚处罚的行为。某些行为虽然具有社会危害性,而且触犯了刑法,但若行为人不具有责任能力(如未成年人、精神病人等)或是由于不可抗拒的外力所造成(如正当防卫、紧急避险等),依据刑法规定不应给予刑罚处罚的,都不构成犯罪。犯罪的这三个基本特征紧密相连、缺一不可,否则就会混淆罪与非罪的界限。

(二)治安管理处罚条例与刑法

1. 治安管理处罚条例

治安管理处罚条例是国家制订的授权公安机关实行的治安行政管理的重要法律。

治安管理处罚是行政处罚,因此不同于刑罚,无须通过法院审判,而由公安机关裁决和执行。但它又是与刑罚相衔接的一种较严厉的行政措施,目的在于制裁尚不构成犯罪的轻微违法行为,以维护社会治安。

治安管理处罚的种类:

(1)警告:这是最轻的处罚,由公安机关裁决后填写裁决书向当事人宣布,并将裁决书副本交当事人单位或常住地派出所,监督其改正错误。

(2)罚款:一般为1元以上,2000元以下。

(3)拘留:又称为治安拘留或行政拘留,是最严厉的行政处罚。拘留期限为 1 日以上,15 日以下。

2. 刑法及刑罚

刑法,是刑事法律的简称。简单地说,它是规定犯罪和刑罚的法律,即规定哪些行为是犯罪,犯了什么罪,以及应处以什么刑罚。所谓刑罚,是指惩罚犯罪的方法。它有以下三个特点:

(1)刑罚是各种强制方法中最严厉的一种,不仅可以剥夺被判刑人的财产和其他权利,还可以剥夺人身自由,直至剥夺其生命。

(2)刑罚只对犯罪分子适用。其他违法行为可采用行政处罚和经济制裁等强制方法。对一般错误可给予党、政纪律处分,但都不能适用刑罚。

(3)刑罚只能由人民法院依法审判后适用。

刑罚的种类有以下两种:

①主刑:有管制(3 个月~2 年,最高为 3 年),拘役(15 日~6个月),有期徒刑(6 个月至 15 年,死缓减刑或数罪并罚可达 20年),无期徒刑(终身监禁),死刑(分为立即执行和缓期 2 年执行两种)。

②附加刑:有罚金、剥夺政治权利、没收财产。对外国人还有驱逐出境。

二、安全防盗知识

在家政服务中,安全防范工作最重要的问题是防盗。不法分子为了得到别人的财物,往往会采取各种违法手段,甚至残害物主家人的生命,这是造成家庭不幸的主要因素。家政服务人员在工作中一定要熟悉和掌握防盗知识,严防盗贼的入侵。

(一)安全防盗的方法

门户的安全防盗方法主要有人防和技防两种,两种方法都有着不同的特点和作用。

1. 人防

所谓人防,简单地说就是通过人的能动作用,加强各种防范措

施。首先要掌握本地入室犯罪活动(主要是盗窃和抢劫)的一般规律:

(1)时间。大多数案件发生在午夜至凌晨和上、下午这几段时间内。后半夜是一天中最寂静的时间,劳累了一天的人们都进入了梦乡,四周又是一片漆黑,正是犯罪分子猖狂作案的时间。而上午9～11时,下午2～4时,在一般人心目中是比较安全的时间,犯罪分子恰好利用人们这一心理,利用此时往往只有老弱病残在家的有利条件,进行入室盗窃或抢劫活动。

(2)犯罪人员。以外来流动人员为主,也有本市常住人口。

(3)作案方法。犯罪分子常常白天先"踩点"、"打样",摸清目标的周围环境、进出通道及人员出入的特点。(市郊结合部的新村、住宅,特别是豪华的公寓别墅,常常是他们首选的目标。)到了晚上便直奔目标作案。入室的方法常为插片撬锁、划破玻璃等,一旦财物到手便迅速逃窜。白天作案的则常常以寻找某人、推销商品等事由,敲开房门,先窥测室内情况,如果只有老弱妇孺便强行入室,把主人捆绑后实施犯罪。有的犯罪分子还会冒充该家庭中不在家的成员的朋友、熟人,或水、电、煤气抄表工、检修工,欺骗住户进入室内作案。

2. 技防

所谓技防就是利用技术和设施加强对作案人员进行必要的防范。技防的作用主要是能有效的保护人身安全,做到防范于未燃。当前社会上的技防设施品种比较多,有防盗铁门、暗观猫眼、防盗铁栅,还有对讲器、监视器等。

(二)安全防盗的措施

(1)大门应安装防盗铁门,里门应装置"猫眼",所有窗户都应安装窗栅。门锁应采用质量较好的防盗锁,门窗的栅栏最好用硬度较高的木板或金属材料加固。有条件的住户还可安装对讲装置、监视器,进一步保护住户的安全。

(2)平时要养成出门关好门窗的好习惯,锁门时要注意检查是否已锁上。晚上睡觉前要检查门窗是否已锁好。

（3）要严格保管钥匙。钥匙一般不要离身，防止被人乘机偷配。如果房门钥匙不慎丢失，要及时更换锁头，不要有侥幸心理。不要把钥匙挂在小孩脖子上，防止盗贼利用孩子入室作案。

（4）不要随便开门。犯罪分子要实施犯罪最关键的一点，是必须进入室内。无论是插片、破窗，还是欺骗，其目的均在于此。因此作为防范措施首要的一条就是严守门户。当仅只有家政服务员一人在家时，更不可轻易放陌生人或不熟悉的人进门。可以彬彬有礼地告诉来客主人不在家，有事请与主人预约或待主人回家后再来。这样既有礼貌又坚持了原则，保证了自己与用户家庭的安全。

（5）要搞好邻里联防，互相关照。平时发现有陌生人在楼道、门前或庭院游逛、逗留，要密切注意观察，发现有犯罪迹象的立即报警。遇到坏人要敢于斗争、善于斗争，斗勇加上斗智才能制服罪犯。

（三）被盗后的处理方法

（1）保护好现场。对现场附近地上、墙上或窗台等处留下的各种痕迹，要想办法遮挡起来，防止被人不小心破坏现场，失去破案的直接线索。

（2）迅速报案。平时应记清当地派出所的报警电话，或直接拨打"110"报警电话。报案时要讲明发案时间、地点、被盗情况、事主姓名、电话及工作单位。

（3）提供一切可疑情况。当公安机关进行现场察看时，应当向公安人员提供发现失窃的时间及周围情况，并陈述自己认为可疑的全部情况，为公安机关破案提供参考材料。但要注意，做伪证是犯法的，在反映可疑情况时，一定要实事求是，不可挟私报复，诬陷他人，否则要负法律责任。

（4）及时补充材料。有些情况一时想不起来，事后回忆清楚后，应以书面形式或口头方式向公安机关补充遗漏内容。

(四)110 报警电话的使用

现在各地公安局都已开通 110 报警电话网络,这是现代通讯技术和计算机技术的结晶,是广大人民群众的保护网。110 指挥中心一接到群众的报警电话,在 10 分钟内民警就可赶到现场。因此我们要牢记这个电话号码,充分发挥它的作用。

使用 110 电话报警,要注意话语简洁、明了。应报告发案的地点(区、街道、路名、门牌号码),报案人姓名及简单案情,切忌话语啰唆,耽误时间。

平时严禁随意拨打 110 电话,避免干扰指挥中心的工作,更不可谎报案情。110 指挥中心电脑有主叫号码显示功能,报警者所使用的电话机号码在拨通电话的同时显示在荧光屏上。对于乱打电话滋扰生事,甚至谎报案情者,公安机关将视情节给以严厉的处罚。

第十八章 其他安全防范知识

一、家庭防火

(一)发生火灾的原因

家庭发生火灾的原因是很多的,归纳起来主要有五个方面,见表 18-1。

表 18-1 家庭发生火灾的主要原因

种类	主要原因
明火引燃	在现代家庭中,地毯、窗帘、床上用品、衣物、木制家具及各种材料的装饰用品分布室内各个部位。这些物品大部分可燃度极高,一旦有明火(例如吸剩的烟头)落在易燃物上,就极有可能燃烧起来,导致火灾
煤气泄漏	煤气是一种成分复杂的混合气体,不论是钢瓶装的液化气或是管道煤气。泄漏出来的煤气和空气混合到一定浓度后遇到火星就会发生燃烧。煤气泄漏一般有四个因素:一是连接煤气炉的橡胶软管老化有裂纹;二是煤气管道或气瓶的阀门没有拧好;三是使用时汤水溢出扑灭火苗;四是忘记关气
油锅着火	中国式的饮食结构中,有用油锅烧炸食物的,也有用旺火暴炒食物的,这时的油锅温度很高,常常容易着火,油锅起火也可能引发火灾
用电起火	家庭用电起火的原因主要有三个:一是短路,由于电线老化,发生短路,电流增大,产生高热,引燃了可燃物;二是漏电,由于电源开关接触不良、线路断裂等原因,形成漏电,出现电火花;三是超负载,由于电线超负载,电流过大烧毁导线,引起燃烧。此外,还有由于使用家电完毕,忘记拔下电源插头而引发火灾
孩子玩火	小孩玩火引起火灾有两种情况:一是直接点燃可燃物,有的小孩出于好奇,在家中点燃书报、蜡烛及其他可燃物玩,引起火灾;二是间接引起火灾,有的小孩划火柴玩,火柴没有熄灭就随手扔掉,引燃可燃物

（二）家庭防火措施

家政服务员在防火方面负有重要的职责,应该加强防火意识,根据容易引发火灾的原因,有针对性地采取防火措施。

1. 及时消除任何形式的明火

明火是发生火灾的直接诱因,我们在工作中要处处留意,经常检查重点部位,防范任何形式的明火。特别是要提醒吸烟的主人,不要乱扔烟头,吸剩的烟头一定要切实吸灭后再扔掉。

2. 使用煤气要注意防火

预防煤气火灾要从以下几方面着手:

（1）定期检查气瓶或气管阀门是否漏气,可用毛刷沾肥皂水涂抹阀门周围,有气泡冒出即说明漏气,发现漏气马上报修。橡胶软管若已老化,应及时更换。

（2）使用煤气时,家里不要离人。煮饭时溢出的汤水会把火扑灭。当发现煤气炉火灭了,要立即关闭煤气阀门,然后开窗,直到室内煤气完全消失,才可继续点火使用煤气。

3. 预防油锅着火

食用油加热到400℃时就会自动燃烧。所以炒菜时,不要等油烧得太热才下菜煎炒。

在炸制食品时,不要将油放得太满,防止溢出遇明火引起火灾。

一旦油锅起火,千万不能用水浇,因为水浇不灭燃烧的油,反而会使燃烧的油顺水流开,使火势蔓延开来。

油锅灭火的方法,最简便的是用锅盖直接盖在锅上,使锅内隔离空气,同时要熄灭炉火,达到降温和阻隔空气而灭火的目的。

4. 预防家用电器火灾

（1）发现电器有故障,如电器漏电或接触不良等,要及时检修,千万不要使家用电器"带病工作"。

（2）使用电器时,一定要有人在场。用完电器要及时拔下电源插头。

(3)如果不幸发生电器起火,首先要先切断电源,然后再用水将火扑灭。如火势太猛,则要迅速报火警。

5. 避免孩子玩火引起火灾

为了避免因孩子玩火引起火灾,应注意以下几点:

(1)不让小孩接触到引火物品,把火柴、打火机等随手收藏好。

(2)教育小孩不玩火,从小树立防火观念。

(3)不要让小孩在阳台上燃放鞭炮、玩易燃物。

(三)家庭火灾的处理办法

1. 尽可能扑救

刚发生火灾时,一般火头都比较小,及时采取扑救措施比较容易扑灭。这时要利用家中一切可用的资源,例如水、沙、扫把、拖布等,尽力扑打消灭明火。但如果火与电有关的话,就要注意首先切断电源再去灭火。

2. 及时报警

如果火头较大,不能马上扑灭的话,在扑救的同时立即打"119"火警电话求助,报火警时要讲清楚以下内容:

(1)失火的准确地点、路名、靠近的交叉路口等。

(2)燃烧的是什么物质、什么时间发生、火势如何、是否有重要物品、周围有什么重要建筑等。

(3)报警人的姓名、住址、电话号码。

3. 沉着逃生

当火势较大不能控制时,最要紧的是马上逃出去。

(1)首先要防止被浓烟熏倒,要用湿毛巾堵住口鼻,并趴在地上,尽量爬到房间出口,不要直立行走,因为烟的比重轻,一般飘浮在上面,接近地面处烟气稀薄,对人的威胁较小。

(2)如果身上的衣服着火,应脱下衣服或在地上滚动灭火。在阳台避险时,可利用绳索或水管设法脱险,但千万不能跳楼避险。事实证明,跳楼会造成更大的人身伤亡。在楼层太高无法脱险时,应冷静地等待救援。

二、防止意外事故

(一)防止家中水患

水是生活中必不可少的,但家庭生活中由水带来的祸患也常有。水管水池冒水、漏水,蔓延居室会损坏家具、电器、衣物、书籍。

家庭中出现水患往往由于疏忽所致,因此家庭防水患应做到:

(1)用水完毕,要关紧水龙头。

(2)厨房下水道口应加网,网住饭渣菜叶等,并要经常清掉水道口网的渣滓杂质,防止厨房下水道堵塞。

(3)水管水池漏水应及时报修。

(4)厕所的使用更应注意,不要使用不易溶解的厕纸,更不要将卫生巾、烂布头、棉签、牙签等物扔进厕所,以免堵塞下水道造成溢水。

(二)防止家中煤气中毒

家中发生煤气泄漏时,煤气中的一氧化碳不仅易燃易爆,还具有很强的毒性。空气中若含有 1%~2%(注:在国家标准《量和单位》中称为体积分数,下同。)的一氧化碳,人呼吸进去就会中毒死亡。煤气中毒的症状,轻者有头晕、头痛、耳鸣、恶心欲吐、寒战、全身发冷、不断打哈欠、心跳加快、呼吸急促等,重者窒息,甚至造成死亡。

家中防煤气中毒应注意如下几点:

(1)室内煤气管道应明设,不宜铺设在地下或墙壁中间,也不宜装设在有腐蚀性物品附近。

(2)煤气计量表要安装在通风安全的地方,不准安装在卧室、浴室等处。

(3)使用煤气完毕,要及时关紧阀门。并要经常检查煤气管、阀门开关、计量表有无漏气,如漏气应及时报修。

(4)使用燃气热水器时,必须安装在通风的地方,一般不宜安装在浴室内,若条件所限只能安在浴室内的,应在浴室装上排气扇。应该使用有安全装置的合格的燃气热水器。

(5)若发现家中有人煤气中毒,应立即打开门窗通风,关紧煤气阀门。一般中毒轻者在空气流通处休息 2~3 小时,症状可消失。中毒重者,须立即送医院抢救。

(三)防止儿童玩具杀手

对于儿童来说,最亲密的伙伴莫过于那些形形色色、花花绿绿的玩具了。但事实告诉我们,很可能某一天某种玩具会给孩子带来不幸。如有的玩具采用含有毒质的塑料制成,会造成孩子的急、慢性中毒;有的玩具模仿有"杀伤力"的武器,可以放出"子弹",造成意外伤害;有的玩具造型边缘锐利,极易伤及孩子。为了避免孩子受到意外伤害,在给孩子选择玩具时应注意如下几点:

(1)3 岁以下的孩子应避免有小零件的玩具,同时避免使用体积过小的奶嘴和响铃,以免孩子吞入口中堵住喉咙。

(2)8 岁以下的儿童应避免有锐利边缘和尖点的玩具。

(3)儿童禁止使用有毒和危险的化学物制成的玩具。

(4)要小心玩具飞镖、玩具子弹造成的危险。

(5)要小心玩具手枪的噪声伤害孩子的听力。

三、触电急救

人触电后往往会失去知觉或形成假死现象,能否救治的关键,在于使触电者迅速、安全地脱离电源,并及时采取正确的救护方法。家政服务员不仅要具有触电急救的知识,而且应该学会触电急救的方法。

(一)帮助触电者迅速脱离电源

1. 及时断开电源

若能及时拉下开关或拔下插头的,应立即采用此法切断电源;若无法及时在开关或插头上切断电源时,应采用与触电者绝缘的方法使其脱离电源,如用干燥的木棒或竹竿等绝缘物挑开导线。

2. 做好触电者的保护

如触电者处在高空中,应使之在脱离电源的同时,做好防止摔跌的保护工作,如铺设软垫子。

(二)对触电者进行及时抢救

1. 及时进行检查

触电者脱离电源后应立即进行检查,若是已经失去知觉,则要着重检查触电者的双目瞳孔是否已经放大,呼吸是否已经停止,心脏跳动情况如何等。在检查时应使触电者仰面平卧,松开衣服和腰带,打开窗户加强空气流通,但要注意触电者的保暖,并及时通知医院来抢救。

2. 及时进行施救

根据初步检查结果,立即采取相应的急救措施。

(1)对有心跳而呼吸停止(或呼吸不规则)的触电者,应采用"口对口(或口对鼻)人工呼吸法"进行抢救。

(2)对有呼吸而心脏停跳(或心跳不规则)的触电者,应采用"胸外心跳挤压法"进行抢救。

(3)对呼吸及心跳均已停止的触电者,应同时采用"口对口人工呼吸法"和"胸外心脏挤压法"进行抢救。

(4)对没有失去知觉的触电者,要使他保持冷静,解除恐惧,不要让他走动,以免加重心脏负担,并及时请医生检查诊治。

(5)有些失去知觉的触电者,在苏醒后会出现突然狂奔的现象,这样可能会造成严重后果,抢救者必须注意。

(6)急救者要有耐心,抢救工作必须持续不断地进行,即使在送往医院的途中也不应停止。有些触电者必须经较长时间的抢救方能苏醒。

四、假币的识别

(一)常见的假币犯罪手法

近年来,假币犯罪又悄然兴起。假币已从大面额的 100 元、50

元向小面额的 10 元、5 元、2 元纸币发展,甚至出现了 1 元的假硬币。家政服务员常帮助雇主家庭购置物品,因此,掌握假币识别常识,避免经手假币,对于雇主和服务员个人的自我防范,愉快地开展家政服务都是非常重要的。应注意如下假币犯罪手法:

(1)用假币到商店购物、到娱乐场所消费。

(2)用假外币向居民私下兑换人民币。

(3)用大面额假人民币乘出租车找零。

(二)假币的防范和简易识别

1. 防范

(1)不要贪小,不要私下兑换外币。

(2)学会简单的识别假币的方法。

(3)发现有人兑换、使用假币,应将其扭送公安机关查处。若自己不慎换得假币,应主动上交公安机关或银行,并协助追查来源。

(4)有条件的商店应配备假币检测仪。

2. 真假人民币的简单识别

1)人民币的七种特征

(1)水印:将纸币对着亮光透视,可观察到层次丰富、立体感强、有浮雕效果的水印。

(2)图案花纹的凹凸感:人民币纸币以雕刻凹版印刷,故图案线条清晰,用手触摸、甚至用肉眼就可感觉或观察到凸现的图纹线条。

(3)图纹线条多色相接:图案上的条纹由多种颜色组成,颜色转换流畅、自然,连接处无错位、不漏色。

(4)金属标志线:将 1990 版的 100 元券和 50 元券纸币对光透视,可在与水印相对的一侧观察到一条竖直的金属标志线。

(5)制版年号:无论是纸币还是硬币,其背面下端均印有制版年号。

(6)无色荧光字符:用特定波长的紫外灯照射 100 元券和 50

元券人民币的正面,其左侧(即水印侧)出现汉语拼音荧光显示,右侧(金属标志线侧)出现币值的阿拉伯数字荧光显示,均呈黄绿色。

(7)特殊磁性印记:大面额人民币纸币上附有特殊的磁性印记,使用专门的磁性检测仪可测得其磁性信号。

2)真假币的比较鉴别

(1)观察:图案特征,花纹色泽,线条粗细,水印位置及清晰度等。

(2)手摸:真币纸张坚挺,图案有明显的凹凸感;假币则纸张偏薄或偏厚,平滑而无凹凸感。

(3)紫外灯照射:真币不变色,在特定波长下可显示黄绿色字样;假币则发白,不显字。

五、禁毒常识

(一)什么是毒品

毒品是指鸦片、海洛因、吗啡、大麻、可卡因,以及国务院规定管制的其他能够使人形成瘾癖的麻醉药品和精神药品。简单地说,凡是非法使用的、能使人成瘾的麻醉药品和精神药品都是毒品。现在常见的毒品有以下几种:

1. 吗啡

吗啡从鸦片中提取,常制成针剂注射使用。合法使用时是一种强力麻醉、镇痛药,常用于晚期癌症病人镇痛。非法注射即是吸毒行为。吗啡有很强的成瘾性和毒性、副作用。

2. 海洛因

俗称白粉,是从吗啡中加工制成的一种白色粉状物质。有强麻醉作用和成瘾性,我国不作药用。吸毒方式可有吸食和注射两种。

3. 罂粟壳

罂粟果割取鸦片后的壳体,含有少量吗啡物质,故也有成瘾性。餐饮业的不法经营者,常用其烧煮鸡鸭或制作火锅调料招徕顾客。

4. 度冷丁

人工合成的镇痛麻醉药,也有成瘾性。在市面上,它是吸毒者经常注射使用的毒品之一。

(二)我国惩治毒品犯罪的基本法律

1990 年 12 月 28 日全国人大常委会通过的《关于禁毒的决定》,是我国当前惩治毒品犯罪的基本法律。下面仅介绍有关的几个条款。

(1)《关于禁毒的决定》(以下简称《决定》)规定,走私、贩卖、运输海洛因 50 克以上者处 15 年有期徒刑、无期徒刑或者死刑,并处没收财产。根据 1994 年 12 月 20 日最高人民法院发布的解释,上述海洛因的纯度指 25% 以上,纯度在 25% 以下的海洛因应折算成 25% 后再按数量量刑。

(2)《决定》规定,吸食、注射毒品的,由公安机关处 15 日以下拘留,可以单处或并处 2000 元以下罚款,并没收毒品和吸食、注射器具。吸毒成瘾者,除进行上述处罚,并施行强制戒毒,强制戒除后又复吸者,可以实行劳动教养,在劳动教养中强制戒除。

(3)《决定》还规定,引诱、教唆、欺骗甚至强迫他人吸毒者可视情节分别处 10 年以下有期徒刑等刑罚,并处罚金。如受害人是未成年人,则从重处罚。

第五篇　家政服务情趣知识

第十九章　居室美化知识

居室是人生活、工作和学习的重要场所。创造一个舒适的居室环境,不失为一种美的生活享受。不同的居室环境,折射出不同的生活方式,而生活方式又随着时代的发展而不断地改变。围绕居室的功能,结合家庭的经济情况和家庭成员的精神需要,可从直观的造型、色彩,到变化的光线、绿色植物的点缀,以及材质等诸多方面美化环境,美化居室。美化居室是任何一个家庭都需要的,它要求家政服务员要有一定的审美观,在实践中多动脑和多动手,不断提高自己的工作能力。

一、居室与环境

(一)采光

人生存的环境必须要有阳光。阳光带给居室和家庭光明、温暖。每个人都希望自己的居室窗子大一些,阳光充足一些,有个向阳的阳台,有晾衣服和养花的位置。阳光能使人体各系统机能增强,精神振奋;阳光具有杀菌作用,能促使人体对钙、磷的吸收,预防佝偻病;阳光还有预防感冒,防止传染病,促进人体新陈代谢等多种功能。因此,在家庭生活中,应尽可能从实际出发,发挥居室的采光优势。

(二)通风

在居室环境中,空气和阳光是同等重要的。新鲜的空气能使人身体健康、心情舒畅,而有污染的空气则直接危害人体健康。因此,居室要经常开窗通风,使室内保持新鲜空气。

（三）色彩

在居室环境中,色彩给人视觉的美感。不同的色彩会造成不同的感觉和气氛,对人的心理产生影响。如选用蓝色,能使室内充满恬静、典雅的气氛;选用暖黄色,能产生温馨、柔美的感觉;选用浅桃红色,则能突出爱的温情等。居室内的主要色调不宜多于三种,如果色彩太多,而主要色调又不突出,室内就显得杂乱,没有主题层次,反而不美。室内主色调确定后,再选两种作陪衬色,使三色或协调或对比,形成总体色彩效果。如果色调不调和,那么,其他美化居室的效果也会受到影响。

居室色彩的布置,除了个人特别的需要,或有意要创造独具一格的情调,大致应符合各居室功能的特点和人的审美心理的需要。如餐厅的颜色应选用舒心欢畅的色彩,利于家人心情舒畅,增加食欲;客厅的颜色宜用温和亲切的色彩,利于家人在会谈交际时增进友谊;卧室的色彩就要选择柔情和浪漫的暖色色调,有助于人们在温馨的环境中休息;书房的色彩较为灵活,主要的目的,是给人以宁静、舒心的学习环境。

（四）布置

室内布置要注意家具和挂画、墙色和光线与植物色彩的对比。如观花盆栽一般不宜同挂画配置在一起,因为挂画同盆花的色彩容易混淆。但观叶盆栽却能同挂画配置在一起,因为观叶盆栽以绿为主,两者之间可以形成对比,层次分明。

（五）整洁

不论居室如何布置,都必须留出一块相对较大的给人可舒展的活动空间,否则会因拥挤而产生压抑、沉闷、烦躁,引起人心理状态的失衡。简洁和整齐的居室环境,在相同条件下可给人有空间感。整洁也是一种美,它体现环境主人对美好生活的追求。除去色彩、光线,甚至墙面、家具等已成定论的因素,环境的成功最后决定在整洁上。再豪华的装饰和高级的家具,如布置无条理,且杂物乱堆,在失去整洁的同时,也失去了美观。当然,整洁不仅仅指清扫保养,还包括更高级的布局概念。合理的布局与装饰内容、装饰质地的整齐统一恰到好处,亦是整洁的内容。

(六)装饰

由于建筑技术和生活水平的不断更新,室内装饰的观念也在不断地改变。如家电配套化、家具系列化、个性化,已受到越来越多的人的青睐。墙壁的装饰,已从过去的粉饰材料发展到现在的墙纸、多彩喷涂和无光漆等。不同质地材料的选择可体现出时代发展的格调。为充分表现居室的格调,还可通过墙面上不同方式的分隔,增设字画、挂饰照片等深化气氛。在地面处理上,不论采用木质,还是水泥、石质和织品等,都能形成各自的格调氛围,木质有木质的接近感,石质有石质的回归感。总的来说,居室环境总体格调和美化,主要取决于不变的墙面和地面,加上可移动的家具陈设和可调的灯光的整体、统一、和谐。

居室布置的内容很多,一般来说,包括家具布置、植物花卉布置、工艺品布置、灯光布置以及装饰品布置等。这些因素配置合理,搭配得当,就会营造出一个使用方便、美观舒适的室内环境。

二、居室的美化

(一)居室美化的基本要求

居室布置往往受住宅面积、家庭经济条件等诸多因素的限制。因此,居室布置必须从雇主家庭的实际出发,因地制宜,灵活安排,适当美化点缀,既要满足雇主家人精神上的需要,也要满足以下基本要求:

(1)舒适实用。室内布置的根本目的是为了满足雇主家人的生活需要。这种需要体现在起居、休息、用餐、工作、学习、会客交往以及家庭娱乐等方面。室内布置首要的是满足不同功能区域的要求,家具摆放合理,用品配置恰当,使用起来方便舒适。

(2)疏密有致。家具是家庭的主要物品,需要占用一定的平面和空间。在平面布局上,各种家具摆放要轻重均衡,疏密相间;

在立体布局上,应大小对比相宜,开放闭合有度,空间层次分明,合乎一定的视觉、心理序列,使人一进入居室,有一种自然舒畅的层次感。切勿将物品堆积在一起,或一头沉重、一头单薄地摆放。

(3)基调协调。在室内布置中,根据各功能区域的要求,整个布局应体现出协调一致的基调,把客观条件和个人主观因素(性格、爱好、职业、习性等)融合起来。自然地、合理地对室内的物品陈设、装点手法、色彩搭配做出选择。尽管室内布置因各功能区而异,但整个布局基调必须相一致。

(4)体现主人的特点。室内布置应充分体现主人的特点,适度追求时尚。例如主人是一位企业家,室内布置就要追求辉煌与豪华;政府公务员家庭一般要体现庄重;教师家庭要体现文化内涵等。

(二)居室六面体(墙面、地面、天花板)的装饰

生活是立体的,在我们的居室中,也有墙面、地面、天花板这六个面。人,被这六个面包围着。"六大面"在美化居室,创造良好的室内环境气氛中占着重要的地位。

随着人类社会的发展,物质、文化的丰富,人们对居室环境提出了更高的要求。生活中常可看到,同样一套造型、色彩、格调的家具,放在不同的两间屋子里,家具与"六大面"协调的那一间,必定比不协调的那间装饰效果要好。显然,"六大面"的色彩、花样、材料选择得恰当,会有改善居室光亮度和增大空间感等装饰作用。

1. 墙面

墙面是居室六面体中所占的面积最大,面数最多,又是人的视线最自然的着落点,所以墙面的美化是居室美化中的重要因素之一。墙面的色彩,常是居室内布置的主色调,它能显出房间的用途和气氛。

墙纸是目前墙面装饰中使用最广泛的一种装饰材料,其组成材料有纸质墙纸、织物墙纸、塑料墙纸、金属墙纸、风景画墙纸等;其图案变化多样,色泽丰富,通过印花、织造、压花、发泡,可以仿制许多传统材料的外观,甚至达到以假乱真的地步。

墙面装饰材料除了墙纸之外,还有乳胶漆、油漆墙面、护墙板、墙面软装饰、大理石、不锈钢、铝合金、镜子、浮雕等现代工业材料来装饰四壁,体现出强烈的时代气息。卫生间、厨房的墙面则选用瓷砖为宜,因为瓷砖坚固耐用、抗水抗火、耐磨耐蚀、易清洗、色泽鲜艳,能达到一定的装饰效果。

2. 地面

地面是人们活动的主要场所,所以装饰地面不但要讲美观,更重要的是安全实用。

1)地面装修的原则

(1)地面的装饰应和整个房间装饰协调统一,以取长补短,衬托气氛。例如,家具色浅,地面深一些,可衬托出各自的特点。地面也可以选用和家具相近的色调,以取得和谐、统一的效果。

(2)要注意房屋结构,确保安全。选择地面装饰材料时,要注意地面、楼面的情况。如原房屋比较破旧,地面装饰时增加的重量太大,将影响整个房屋的使用寿命和使用的安全。因此,不能片面追求美观和图案效果。

(3)满足房间使用需要和物理性能。如厨房、卫生间内潮湿、水多,应选用防水、防潮、防滑的材料。卧室应选用质地柔软,吸声性能好的材料。

2)地面装饰材料的选择

居室地面装饰选择材料时,不同房间可选用不同材料。一般情况下,卧室宜选择质地柔软、吸声性能好的地面材料,如木地板、地毯等,使房间显得安静舒适温暖;而客厅、餐厅要选择耐磨性好、易清刷的材料,如木地板、花岗岩、地砖等;卫生间和厨房要选择防水、防潮、易清洁的材料,如地砖、花岗岩等。

3. 天花板

天花板和墙面、地面同是居室的围护面,共同形成室内空间的几何形态,对室内艺术风貌起着重要的作用。

现代住宅天花板的美化,应结合居室的大小尺度、空间形态、功能用途等,从整体上着眼。住宅天花板一般都应该偏于素净,不宜添加过多、过杂的装饰。因为现代居室空间不是很高大的,室内陈设的家具、用品已经够多,装饰纷繁的天花板很容易造成整个居室的杂乱感。如市场上有一种带强烈凹凸纹的钙塑板材,它是为宾馆大厅等大空间作为天花板饰面用的,把它贴在小空间的居室天花板上,便会显得臃肿,把空间衬得低小、压抑。居室天花板的美化主要应着眼于色彩和照明。为了使居室空间显得宽敞、明亮,天花板的涂色宜选用高明度、浅淡的颜色,如白色、乳白色、乳黄色等。照明处理是装饰天花板的重要方面,各种吊灯、吸顶灯、轨道灯等都是天花板上经常采用的照明装置。

天花板装饰的表现手法从其结构造型方面,可归纳成以下几种:平面式、凹凸式、井格式、复式、圈壁式、群星式、悬吊式、编织式、灯箱式等。

4. 窗帘

在居室装饰中,由于窗户所占面积较大,所以窗帘在室内装饰中也占很重要的一环,它对美化居室、渲染室内气氛起明显作用。窗帘的主要功能有:遮阳、隔热、隔音、调节室内光线等。现在的窗帘并被人们作为一种室内装饰品,用来美化房间。

窗户千姿百态,造型各异,如果能与适宜的窗帘相配套,就能成为居室的绝好装饰,并能创造出居室古朴典雅。高贵豪华等气氛和格调。窗帘的装饰效果,不仅与窗帘布料的色彩、图案和质地有关,而且和窗帘的大小及其悬挂方式也密切相关。

可作窗帘的材料很多,如丝绸、棉布、绒布、尼龙、乔其纱等。不同质料的窗帘,具有不同的装饰效果。粗厚的质料可以增加室内的温暖感觉,光滑柔软的材料则使人感到凉快。因此,夏天窗帘宜选用色淡质轻的纱和绸,透气凉爽;冬天窗帘宜选用色深质厚的绒和布,温暖厚重。

目前一般配置是备有双层窗帘。外帘采用轻柔、稀疏、透光性好的乔其纱、尼龙纱等,主要作用是挡住阳光直射,把直射光变为纤细柔和的漫射光,使室内光线柔和,气氛优雅;内帘采用质地厚实的灯芯绒、平绒或花布,主要作用是隔音保暖,遮蔽光线,使人步入室内时有静谧清幽之感,宜于休息入睡。

有花纹和图案的窗帘,对缺乏色彩的房间,具有增加美感和热闹气氛的作用。但要注意,花纹和图案的选择,应和居住者年龄、室内的家具风格相协调。如老年人的卧室,家具多为中式风格,宜选用花纹朴实的,如直条或带有民间图案特色的窗帘,这样可使房间气氛古朴而典雅;新婚卧室,家具风格新颖,最好选择新颖别致、花型偏大或图案较抽象的窗帘,并注意保持图案的完整美观,以使房间洋溢青春气息和时代感;有高血压、心脏病的人,居室挂上浅蓝色的窗帘,可利于血压下降,脉搏平稳;情绪不稳,容易激动的人,宜挂嫩绿色的窗帘,以便精神松弛。此外,卧室挂的窗帘色彩要淡而雅,会客室的窗帘颜色则要深些,这样显得庄重。

窗帘的长度一般应比窗台长 30 厘米,当风把窗帘吹起时,不易露出房内情景。窗帘宽度应比窗台左右各宽 20 厘米,过窄遮不全,过宽则不便于装窗帘。较宽的窗台,窗帘应分为两块,左右分别开启。窗帘布之间的连接应缝制成扁缝,这样看上去里外一致,显得美观。

(三)家具、电器的陈设与布置

1. 家具的陈设

家具陈设要合理利用室内平面和空间,居室中不同的使用区域,其家具陈设有不同的要求。

(1)客厅家具的陈设。客厅是主人家庭生活中使用机会最多、与外界接触最频繁的场所,主要用于看电视、听音乐、家人交谈、会客等。因此,家政服务员在考虑居室布置时,应将客厅作为重点。

客厅家具的典型摆放方式是:在客厅的中心范围摆放茶几,周围布置沙发,形成客厅的交谈中心。在交谈中心上方天花板上可设置相应的照明灯具,或在侧方设置一立灯或壁灯。沙发位置的选择,要考虑到通风、采光、行走方便等问题。沙发可靠墙边转角摆放,也可在客厅中间成正方形或长方形摆放,还可以成一字形摆放。为了便于交谈,沙发之间要隔开一定的距离,每个座位前面应有较宽的视野。

主沙发的对面,设置一组合柜,用于放置电视机、DVD 影碟机、音响设备等。一般客厅的组合柜不宜过高大,以免占据过多的墙面,造成视觉上的局促感。客厅的家具要力求完整、统一、简洁,避免零碎和过多变化。

(2)餐厅家具的陈设。餐厅家具通常有餐桌、椅、餐具柜、电冰箱等,全部家具应力求成套组合,并尽量结合进餐的具体特点,创造适应进餐的良好环境。

餐厅的核心家具是餐桌,应选择适合餐厅大小和形状的餐桌,传统型的家庭愿意选用圆桌,而现代时尚家庭一般选用高档长方形餐桌。餐桌应摆放在餐厅中间,这样便于周围坐人及走动。若餐厅面积偏小,餐桌也可靠墙摆放,但周围应留有足够的余地。

餐桌上要铺设整洁的台布,且经常换洗,一方面起到卫生的作用,更主要的是更换台布会带给就餐者愉快的心情,就好像自家做的菜总是花样翻新,能诱发食欲感。

在餐厅的适当地方摆放一个大花盆有助于美化餐厅环境,另外还需要摆放橱柜和电冰箱,在里面摆放些酒类和其他一些食品、饮料,一方面具有装饰、整齐的效果,同时主人使用起来也非常方便。

餐厅地面应使用易于清理且能防滑的地面装饰材料,如大理石地面。家政服务员要经常擦洗,保持地面的清洁。

(3)卧室家具的陈设。卧室的功能主要是供主人休息,因此除了必要的床、床头柜、梳妆台、大衣柜以及衣架等家具外,不再摆放其他家具,达到尽量简洁的效果。

在平面上,首先确定床的位置,应将床安放在光线较暗处,并尽量不要正对房门,以减少各种干扰。如果房间比较大,最好能在双人床两边留出通道,使双方上下床时方便灵活,不致影响对方的睡眠。衣柜一般放在远离窗口的墙边上,既可免除日晒损坏衣柜,又不致遮挡室内光线。梳妆台则可灵活安插,在小房间,常常把梳妆台摆在床头一边,起到梳妆台和床头柜合二为一的作用。

在立体安排上,家具的体积大小要与室内宽度、高度配置得当,使室内空间舒畅,达到最佳的心理感受。一般小房间里避免放高大的家具,否则会使室内沉闷。大衣柜一般是室内较高的大件,不能放在进门对面,最好放在左右侧角方向。门对面放矮小物件,能产生开阔的视觉空间。也可以选一排大壁柜,把各种附属功能都安排进去,在余下的空间里,只放床和床头柜,这样的陈设,能最大限度地净化空间,在心理上创造出一种明快而宁静的感觉。置身其中,身心能得到良好的休息。

(4)书房家具的陈设。书房主要是主人看书学习的场所。所以在家具布置上主要考虑文化氛围。在房间不靠窗口的一面墙壁放一排书柜,一直与天花板连接,这样可放置很多书籍,整个书房也显得既整齐又富有书香气。在光线明亮处放一张书桌,书桌旁边的角落可设一个多用柜,用于放置报纸杂志,或摆放一些工艺品,有的主人还需要放置一台电脑,用于家庭办公。

书房灯具要有一盏明亮的日光灯和一个台灯,便于查阅书籍和伏案写作。这样的陈设给人以典雅、安静的感受,很适合读书学习。

2. 家用电器的布置

家用电器具有很强的实用功能,又是房间内的主要陈设,做好家电的布置有利于装饰和美化主人的居室。

(1)电视和音响。电视机是主人客厅最引人注目的家电,由于现代家庭的电视机屏幕尺寸越来越大,所以摆放电视机主要考虑满足收视距离要求。电视机最好能摆放在主沙发的正前方,屏幕中心离地面的合理高度应为1米左右。电视机不用时应套上个精致的外罩,可起到保护和装饰的作用。DVD 影碟机和音响设备一般与电视机摆放在同一视线内,最好是摆在电视柜里,使电器与柜子有机地结合在一起,电器与家具在构图上要有一定的艺术感。

(2)电冰箱。为了便于使用,电冰箱应摆放在靠近厨房或餐厅的地方,同时要选择通风和避免阳光照射的位置,这样有利于电冰箱散热。电冰箱的体积大,比较惹人注目,因此,其外壳颜色要与室内基调协调。如果主人家有小孩,可考虑在箱门上粘贴装饰品来美化冰箱。

(3)空调。现代家庭一般选用柜式空调机或分体壁挂式空调机,柜式空调机由于其功率大,制冷强,一般安装在客厅内。而卧室面积相对较小,一般安装分体壁挂式空调机,悬挂的高度一般在距天花板 30 厘米的地方,但要注意不能对准卧室的床,以免对人直吹使人受凉。

(4)洗衣机。洗衣机的放置要注意进水排水方便,还要考虑使用方便以及安全、保养问题。有的家庭把洗衣机放在浴室,但浴室潮湿的环境对洗衣机的保养和用电安全不利。最好是选择在阳台避免日光直射的地方,这样既通风干爽,衣服洗好后在阳台晾晒也十分方便。

总之,摆放家用电器最重要的是考虑安全用电和方便使用和保养,同时注意与家具及其他物品的组合关系,把电器、家具组合成一体,美观实用。

(四)家庭插花

人们都希望有一个整洁雅致、舒适美观的生活环境,要做到这一点,除家具的陈设要合理整洁外,还要讲究室内的艺术装饰。若能适当地利用花卉、字画、工艺品装点房间,将给居室增添无限美感。

插花艺术是指将剪切下来的植物(枝、叶、花、果等)作为素材,经过一定的技术处理(修剪、整枝、弯曲)和艺术加工(构思、造型、设色等)重新配置成一件精致美丽、富有诗情画意、能再现自然美和生活美的花卉艺术品。

1. 日常生活插花应遵循的原则

（1）位置得当。主要着重于点缀室内，烘托气氛，注重形式美的装饰，应尽量利用室内的无效空间，如死角、周边以及平时闲置的器物表面摆设插花。一般来说，摆设不宜放在居室中间，以免限制室内的活动范围和遮挡视线。由于插花已切离植株，易凋萎，故最好放置在阴凉但又不影响观瞻处，还应避免置于阳光直射的地方和散发热量的家电附近以及一切热源处。

（2）大小相宜。插花的大小要与放置的环境尺度相称。小房间不宜放置大型的插花。花材的大小粗细与放置的环境也应相称。卧室不宜放用大型枝叶插制的作品。因叶型巨大，会显得生硬、单调。应用小叶、柔软、淡色的花材以求轻松、舒适，以利消除紧张和疲劳。

（3）简洁协调。一般家庭的每个房间以点缀一、两件插花作品为宜。作品的外形宜简洁统一，切忌繁复。最为重要的是插花作品的总体色调必须与墙面、地面、家具等周围的环境因素相协调。

2. 家庭插花的种类

（1）瓶式插花。又叫瓶花，是比较古老而普通的一种插花方式，喜欢花的人们剪取适时的花枝配上红果绿叶，插于花盆布置室内。这种插花由于花瓶瓶身高，瓶口小，因此插时不需要剑山和花泥，只需将花枝投入即可，日常生活插花多属此种。

（2）盆式插花。又称盆花，即利用水盆进行插花，或利用其他类似于水盆的浅器皿进行插花，由于容器较浅，需要借助花砧、泡沫、卵石等固定物才能完成作品。与瓶花相比，盆花的难度较大，需先造型，然后再根据造型，安插花枝和配叶。

（3）盆景式插花。它是利用浅水盆创作的一种艺术插花形式，它利用盆景艺术的布局方法，使插花作品形似植物盆景。这种插花是利用插花树枝制作而成。制作时可在水盆中放置些山石等作为背景和点缀。

(4)盆艺插花。这是将盆栽植物和鲜花花枝艺术地组合在一起,进行室内布置的一种植物装饰艺术。所用盆栽一般是小型室内植物。以观叶植物为例,它本身虽适于室内观赏,但无色彩鲜艳的花果,鲜花鲜果枝配插于观叶植物盆栽中,可以使它的色彩艳丽起来。另外,一些姿态欠佳的室内盆栽用鲜艳的枝叶花果来配插,还可以使它们的姿态完美起来。

3. 家庭插花的具体运用

(1)客厅。客厅是接待宾客和家人团聚之处,这里的环境气氛应既有外向型的气息,又要有美好向上的生活情调。插花布置最好能体现这双重意义。比如用文竹和蔷薇插成一件飘逸流畅的线条式插花,会使人感到轻松活泼,亲切自然。每当盛大节日和喜庆良辰,客厅还应洋溢着热烈欢快的喜庆气氛,若布置上一盆用红、黄月季及菊花、满天星组成的色彩浓艳、花朵繁密的插花,会使节日气氛更加浓郁。

(2)卧室。卧室是休息的场所,插花的数量不宜太多,色彩上也应根据年龄的不同而定。比如年轻夫妇的卧室,色调上可艳丽些,在淡雅的房间里,放置一盆暖色调的插花,会显得生活甜蜜,浪漫、温暖宜人。老年人的房间,要选择叶小、淡雅的花材,以宁静稳重为宜。

(3)书房。书房是写作、学习的地方,插花作品应简洁明快。若在温馨素净的书房里陈设一瓶潇洒飘逸的插花作品,必将使居室更加清新雅致,充满生机。

(五)家庭挂画

用书画来装饰房间,既是美化生活的手段,也是一种艺术享受。挂画要讲究画面与环境相宜,同时也要选择适当的位置和高度。

1. 书画的选用

选用书画作品要与室内的环境相宜。

（1）客厅。客厅是主人休闲和接待客人的地方，可以考虑挂一幅青山绿水、碧叶红花画，使人一进屋就感到春光明媚，舒畅和谐；喜欢书法的主人一般应在客厅悬挂大幅书法作品，能衬托出主人浓厚的文化内涵。

（2）卧室。卧室要选择色彩淡雅、内容平和恬静的画面，画幅不宜太大，色彩上也应根据年龄的不同而定。

（3）餐厅。在餐桌上方，挂一幅硕果累累、五彩缤纷的静物画，有助于增进食欲。此外，画面风格还要与室内陈设协调，中式家具配中国画，西式家具配西洋画。画面色彩要与墙壁色调有明显的色差，以增加对比度，使画面突出，层次分明。

2. 挂画的位置

挂画的位置要适当。

（1）通常每幅画都有自己的光源，即有明暗之分。因此，挂画应选择在室内的自然光源与画面上的人为光源相一致的位置，使画有真实感。如果光源相悖，会削弱画的艺术效果。

（2）挂画的高度应以人的正常视域为宜，一般距离地面 1.6～2 米较好，带框的画与背后墙面成 15°～30°，这样可避免视觉差，从而取得满意的欣赏效果。

（六）室内工艺品的摆放

可供室内摆放的工艺品极为丰富，如陶器、瓷器、泥塑、石刻、木雕、竹编、草编、玻璃制品、蜡制品等。如果使用西式雕塑配上中式瓷瓶，摆得巧妙，可以起到美化居室的作用。

室内摆放工艺品需要注意以下几点：

（1）要注意协调性。工艺品的风格要与周围的其他装饰相协调。墙上的装饰品如字画、挂盘与小摆设同在一室时，要成为一个装饰整体。如果墙上挂着一幅现代摇滚歌星的大幅画像，其下方摆一尊观音菩萨塑像；或墙上挂的是中国古典山水画，其下方摆的是圣诞老人塑像，都会使人感到不伦不类。

（2）要注意对比度。室内工艺品要与背景的色彩形成鲜明的对比,才能起到画龙点睛的作用。如冷色调的背景配上暖色调的摆件能生动地烘托出主体。又如深色的台面上可摆放柔和、轻松色调的工艺品,浅色的台面可选择凝重、沉稳色彩的工艺品,这样就能衬托出工艺品的优美造型。

(3)要注意对称性。两件工艺品共置一处时应尽可能对称,但太对称了又显呆板,可在大小高低上有所区别,这样才活泼得多。在博古架上或陈列柜中摆放工艺品,可将瓶、盘、雕塑配合放置,使高低大小错落有致,观感上给人以匀称的感觉。

(4)装饰性与实用性相结合。工艺品陈放的位置,体积大的可置屋角或房间边缘,体积小的可结合实用布置。如茶几上放茶具、烟具,饭桌上放花瓶,书架上放小雕塑,写字台上放笔插、石膏像,梳妆台上放花瓶、化妆盒,床头柜上放闹钟、小台灯等,但均宜少不宜多,才不会造成杂乱的感觉。

三、常见花卉的养护

随着人民生活水平的提高,人们对家庭摆饰的需求越来越高。表现在绿化方面,从人工仿制植物逐步发展到自然绿色。喜欢爱美的家庭一般都会在居室里种养一些花木,花木的养护工作也是家政工作中一项不可少的任务,家政服务员应了解一些养花的基本常识。

(一)阳台上适宜生长的花木及其养护

1. 适应在阳台上生长的花木

居住区内的室外空间,受诸多因素的制约,阳台就形成其独特的立地条件。阳台的朝向不同,所受的日照时间长短有显著的差异。南北朝向的阳台,北向夏日直射阳光较多,许多不耐阳光的植物就不能直接放在阳台上,如茶花、杜鹃、君子兰、文竹等;即使是一些耐阳植物,由于阳台上风大,易干燥,植物极易干枯,需要采取一些遮荫措施,以利植物生长及养护管理。东西朝向的阳台,日照时间较少,一般能满足喜阴植物的光照要求,对不耐阳植物亦不需要遮荫。冬春季节，所面临的不是光照问题而是温度问题，有些植物不耐寒，就要考虑保温了。现在，许多阳台用玻璃封起来，整个阳台如一座小温室，这个方法对在寒冬和气温温差大的季节里养花，起到了很好的保护作用。

由此可见，阳台上适宜生长的花木，应选择喜阳、耐旱、耐寒等习性的花木，如五针松、罗汉松、锦松、榔榆、鹊梅和一些时令花草等。

2. 阳台上的花木护理

（1）阳台花木的给水。阳性植物放置在阳光下，加上阳台上空气相对湿度低，花木的盆土极易干燥。通常，夏天一般给花木每天浇 2 次水，早晚各 1 次，但中午不能浇水；其他三季，一般 1～2 天浇 1 次；当然，如果阴天或下雨，则视具体情况而定。分辨盆土是否已干，可直观地看盆土颜色深浅，如果盆土发白，甚至有裂痕，说明盆土已严重缺水，需要浇水；如果过分干燥，则一次可能浇不透，或者根本留不住水，在这种情况下，应该把花盆放进盛水的桶内，让水从盆底的孔渗入干土，逐步至饱和状态。植物给水有一条原则，即不干不浇，浇则浇透。盆底滴水则浇透了。如果条件允许，在阳台适当的地方，用黄沙、蛭石等铺设在盆下，既可减少水分的流失，也可增加空气的相对湿度。

盆花放在阳台上，常会吸附许多灰尘，在平常的养护中要及时清除，否则既不雅观，又不利于植物生长。值得一提的是，在浇水时，一定要照顾左邻右舍，以免引起纠纷。

（2）阳台花木的用土。不同的植物，其相适应的土壤有所区别，有喜欢偏酸性的，有喜欢中性的或弱碱性的。如山茶、杜鹃、五针松等喜偏酸性，许多宿根草花适宜中性，许多豆科植物喜耐碱性土壤。而阳台盆花适宜的土壤结构应是：浇灌的水可以迅速渗入，但持水时间相对要长些。据此特点，我们应选择腐叶土、草木灰、蛭石、黄土等做阳台盆花的土壤。因为这类土湿润状态时，表面具有弹性，即使盆土较干燥，也不会结块，水分仍然很易渗入。

（3）阳台花木的施肥。植物经过一段时间生长、开花、结果，就将原盆土内的养分消耗完了。此时，必须对盆土施肥，以保证盆花继续健康生长。但必须注意，居住区内，尤其是室内周围，用肥应以不污染环境为前提。市场上卖的多数是速效性的化学肥料，使用较方便安全。另有一种叫缓效性肥料，它也是化学肥料。所谓缓效，是因为它有一部分肥效要在一段时间内才缓缓产生。这种肥料施入土中以后，一部分发挥速效，一部分得经过两个月以上，甚至一年的时间才徐徐产生肥效，所以缓效性肥料可以供作基肥，也可供作追肥，但不可放在土壤表面。缓效肥料在酸性土壤中溶于水的速度较快。酸性土壤选用它须先中和，而且要控制每次施肥的用量。此外，还有一种速效肥料，它的种类繁多，一般分为粉末状、粒状或液体状，使用时通常加水稀释。粒状的速效肥料，可以直接撒布于用土表面，速效肥要掌握薄肥多施原则。

粒状肥料宜用茶匙少量地倒于植株的基部附近，但绝不可接触叶或植株的中心部。

（4）阳台花木的病虫害防治。盆栽花木若发生轻微病虫害，要根据具体情况，先分析，后决定喷药与否。有的不必喷药，只要摘除病虫枝叶即可切断病源，使植株逐步恢复正常。为了保证植株的恢复，改善其生长环境也很重要，这其中包括盆距、通风和必要的光照。做好日常管理工作，摘除残花枯叶，保持植株的清洁。如植株遇到毛虫等咬叶害虫，也可以人工捕杀。发生蚜虫或甲壳虫，可用刮或刷等办法除虫，若要用药必须谨慎。阳台养花最常见的害虫为蚜虫和甲壳虫。蚜虫吸取新芽、蕾、叶的液汁，致使新芽或叶生长迟缓甚至凋萎，其危害以初春最为严重。这时，我们可喷施40%乐果乳剂3000倍稀释液，或80%敌敌畏乳剂1000倍稀释液。甲壳虫常在盆花较拥挤处产生，如果数量不是很多，可用刷子刷落，将花盆重新排列成有一定空间组合。如果再发生虫害，且较严重，可施25%亚胺硫磷乳剂800～1000倍稀释液。

（二）适应室内摆饰的花木品种及习性

喜欢花草的家庭不是都有阳台，但没有阳台也不是不能种养花草。为了满足业主的喜好，家政服务员可以根据各种植物的习性，选择适合室内生长的花草品种。

1. 适应室内生长的花木

人们的居室毕竟不是花房，其立地条件表现为既没阳光，又没雨露。但自然界植物正常的生长不能没有阳光。那么怎样才能解决或缩小这对矛盾，满足人们对美的追求呢？我们可以寻找耐阴的植物，如巴西木、绿萝、发财树、散尾葵、粉蝴蝶、南洋杉、针葵、龟背竹等，这类植物基本上以观叶为主，我们称其为观叶植物。

2. 室内花木的养护

适合在室内生长的植物虽具有较强的耐阴能力，但对冬天的温度要求较高，一般不能低于5℃，所以冬天要注意保温。在室内放置时，结合环境和植物的品种及形态，在可能的情况下，尽量将它们放置在反射光线较强的地方。

观叶植物的给水原则可参考阳台花卉的浇水原则，只是每次浇水相隔的时间较长点，一般每隔3～5天才浇一次水；多浇了，因室内蒸发较慢，易引起烂根，也容易发生病虫害。

对于室内观叶植物叶表面的养护，一般可用清洁的揩布，一手垫于叶背面，一手小心擦去叶面吸附的灰尘。室内观叶植物的用土比阳台养花的土壤要求还要粗放，像巴西木等用黄沙或蛭石就可以栽培。在施肥和用药方面，可参照阳台花木所述。

第二十章 宠物饲养

宠物一般是指供玩(观)赏的家养动物。日本人称之为"伴侣动物"。顾名思义,这些动物一方面受到主人的宠爱,一方面又可作为主人的忠实伴侣,消遣解闷,陶冶心情,乃至给主人提供种种帮助。家养宠物常见的是猫、狗和观赏鱼。本章就如何饲养好它们,分别作些介绍。

一、家 庭 养 猫

(一)猫的生活习性

猫是一种很聪明的动物,容易与主人建立深厚的感情,而且认家的能力极强。猫是一种很自私的动物,喜欢单独生活。当其他猫入侵时,家猫就会发起攻击,因此一般家中养一只猫最好。猫特别爱清洁卫生,常用舌面舐擦皮毛。猫有不随地大小便的习惯,喜欢在洁净地方吃食,不吃残羹剩食。猫的牙齿和爪十分尖锐,善于捕食。猫食中应喂给适量的肉类食物。

猫出生后 6~8 周,生长发育较快,体重约 0.5~1 千克,已具备独立生活的能力,即可断奶,此时容易与主人建立感情,也容易训练调教。选择活泼可爱、机灵、体质健壮、食欲好的猫作家庭饲养,养猫可以成功。

(二)猫的选择

波斯猫是家养猫中的珍贵品种,它们反应灵敏、文静、温顺、叫声小、皮毛长而密。波斯猫不捕食鸟类,有笼养鸟的家庭最适宜养这种猫。

与波斯猫性情相反的是泰国猫和缅甸猫,它们活泼伶俐、顽皮好动,对离职寂寞的老人来说,可活跃家庭气氛。

如果养猫主要是为了捕鼠,那么四川简州猫、山东狮子猫、狸花猫体壮灵活,堪称捕鼠能手。

　　一般来讲,城市居民空间有限,养猫有一定难度。公猫常发生攻击行为;且到处撒尿以标出自己的"势力范围",猫尿气味难闻。母猫虽性情温顺,感情丰富,容易饲养,但求偶的叫声烦人,且总想跑出户外;此外,母猫抗病力差,易患病。最好的方法是将公猫阉割,经去势的猫,既有公猫健壮的体魄,又有母猫温顺的性格,而且不再发情,省去许多麻烦。

(三)猫的喂养

1. 喂养猫的用具

　　养猫先得准备用具,如猫窝、喂食用具、饮水用具、便盆、铺垫物、旅行箱、颈带、梳子、刷子、消毒液等。

2. 喂养猫的食物

　　猫从小开始喂养,需要蛋白质、脂肪、糖类或碳水化合物、水、维生素、矿物质等营养素。一般来说,动物性食料比植物性食料更适合猫的营养需求。营养充足,猫生长发育就快,身体强壮,对疾病的抵抗力强。尤其是新鲜的肉类、鱼类,更适合猫的口味。如养分不足,则猫生长发育不良,体重减轻,食欲下降,皮毛逆乱无光泽。

3. 训猫的基本要点

　　猫从小就喜欢清洁,出生后4周便可行走,跟着猫妈妈到一定的地点去便溺。可先调教它在便盆上大小便,再调教它在抽水马桶上大小便。猫天性聪明,稍经引导、训练,它就会学会跳环、打滚、扒抓木柱(木板)。应调教猫不上床,让它到专门的猫窝睡觉,可减少人畜交叉感染疾病的机会,对人是很有好处的。平时还应给猫梳理皮毛、洗澡、护理眼睛和耳,修剪爪子。

4. 猫繁殖期的护理

　　一年中春夏秋冬气温不同,猫的生理状态也不同,管理也得因季节而有所不同。如春季是猫发情季节,应注意选择优良品种交配,以获得优良的后代。最好将母猫关在室内,减少不必要的麻烦。公猫夜间频繁外出找配偶,争斗中如发生外伤要及时治疗。

春季也是换毛季节,应给猫勤梳皮毛,并防治体外寄生虫和皮肤病。夏季气候炎热,空气潮湿,要注意猫中暑和食物中毒。秋季气候宜人,猫的食欲旺盛,又是一年中第二个繁殖季节,此时应给猫增加食量,公猫和母猫作关闭管理,并预防感冒及呼吸道疾病。冬季气温低,应让猫多晒太阳。室内温暖,但要防止猫感冒、煤气中毒或烧伤,并防止猫上床、钻被窝,同时应在猫窝中增加铺垫物,把猫窝放在暖和的房间内。

(四)猫的异常行为

1. 异常摄食行为

(1)食欲缺乏症。猫缺乏食欲,常见原因有二:一是猫生性爱清洁,如用不干净的食盆盛食,或将食盆放置在邻近粪、尿的地方,猫就会表现出少食或拒食行为;二是当猫患病时也会少食或拒食,同时表现得萎靡不振、体温升高。此时,应给猫增加营养,往往猫会不治自愈。

(2)异食癖。有的猫,多数是6个月左右、处于初发情期的猫,有可能出现"异食癖",如食毛或盆栽植物。但这种"异食癖"过1~2年后通常会自然终止。

(3)厌(偏)食症。有时猫会拒食某几种或某一种食物,但对其他食物仍有食欲。猫突发"厌(偏)食症"的原因,多数是由于吃过了拌有药物的某种食品,或长期给猫喂某种食品,猫感到"吃厌"了。对患"厌(偏)食症"的猫,一般改变食谱即可。

(4)肥胖症。患肥胖症的猫是由于体内脂肪沉积过多,此时也会表现出厌食。对此,应对肥猫采取节食减肥法。

2. 异常捕食行为

猫的异常捕食行为表现为追逐捕捉家中的散养鸡,或将死鸡或死鼠带回家中;有的病猫还追捕家中饲养的兔、鸟。对此,可采用如下方法:在猫的颈部拴一个响铃,提醒主人制止病猫危害;利用捕鼠器吓猫;用水枪惩罚病猫;用除臭剂撒在鸡、兔或鸟笼上,让猫产生厌弃感。

3. 异常排粪、排尿行为

病猫不在规定的地方(便盆内或室外)大小便,而在主人的床上或家具上排粪、排尿,这往往是由于便盆太脏引起的。应定期给猫洗澡,每天冲洗一次便盆,并垫上干净塑料,猫便可立即改变随地大小便的异常行为。必要时,应重新训练猫使用便盆。同时在猫已排过粪、尿的地方,应彻底清除臭味。

4. 异常攻击行为

猫不喜欢合群生活,所以当一只猫进入另一只猫的领地时,会出现"反侵略战争",即互相追逐、殴斗;当主人打猫时,猫会张牙舞爪,这是疼痛性攻击行为;此外,雄猫间的求偶争斗、恐惧性攻击行为和宠爱性攻击行为,均属异常性攻击行为。主人应尽量控制和化解猫的这些异常性攻击行为。比如,可酌情采取限制性饲养或惩罚教育。

5. 异常母性行为

母猫缺乏母性,甚至有吃仔癖。对此,可给猫补充营养和精心护理,避免母猫因惊恐出现吃仔现象。

(五)猫的疾病

猫和人会共患的疾病有40多种,如弓形虫病、流行性出血热、肝片吸虫病,以及外寄生虫病,如虱、蚤或皮肤真菌病等。

猫的常见普通病有感冒、支气管炎、肺炎、口炎、胃肠炎、便秘、贫血、湿疹、维生素缺乏症、眼结膜炎等。猫的常见传染病有猫瘟热、病毒性鼻气管炎、传染性腹膜炎、败血症、流行性感冒、狂犬病、副伤寒、大肠杆菌等病。其中狂犬病会使猫狂暴不安、乱跳乱咬。在狂犬病流行区对病猫应注射兽用狂犬病苗,以保证人、兽安全。对发病猫应及时捕杀,再深埋或焚烧。猫的常见寄生虫有猫虱、蛔虫、绦虫、钩虫、弓形虫等。弓形虫病是许多动物和人都可感染的一种人畜共患原虫病。感染弓形虫病的孕妇,不仅会导致胎儿畸形、缺陷、疾病或死亡,而且还会使孕妇流产、死胎、早产或出现妊娠合并症,对人类的健康危害甚大。因此,在养猫过程中应注意人畜的界线、切忌过分亲热,并注意猫的日常清洁卫生。

二、家 庭 养 狗

(一)狗的生活习性及品种

狗属肉食动物,也可杂食或素食。狗的嗅觉极为灵敏,要比人高出40多倍。狗对主人的忠诚是其他动物无法比拟的,它有强烈的责任心和服从精神,能千方百计地完成主人交给的任务。狗的智力发达,经过人类训练的狗能领会人的语言、表情、手势等,玩赏狗可以做出各种各样的动作和表演。狗的妒嫉心强,当狗的主人抚摸别的狗时,它会因妒嫉而毛发竖立。狗对突然而来的声响或闪光有惊恐感,对声音相当敏感,可听出主人的脚步声。狗的归向性很强,可从数十公里外返回原地。狗兴奋时高抬尾巴,而吠叫可能是哀求的表示,也可能是进攻的前兆。狗在外出游或溜达时常会沿路撒尿作为标记,这也是狗群相互联系的一种方式。

(二)狗的选择

世界上狗的品种近300种,根据习性和能力,可分为玩赏狗、工作狗、普通猎狗、运动型猎狗和非运动型狗等六大类。

玩赏狗的体型矮小,居室面积有限的家庭适于喂养这种狗。它们摄食少,易于照顾,善于讨主人的欢心,属于伴侣狗。如京巴犬,表情严肃,有忍耐心,责任心强,适合与人相处,一直是最受欢迎的玩赏狗之一。因为京巴犬性情温和,有感情,深受老年人的喜爱,目前已遍布世界各地。袖珍猎狗原产德国,体重约5千克,身高30厘米,这种狗聪明伶俐、活泼机敏,是良种家庭狗。

工作犬主要用来看管财产,担负保卫、牧羊、牧鹿、导盲等。如德国牧羊犬聪明伶俐、责任心强、勇敢,善于和孩童相处,并可为盲人向导、警卫和看家。

选狗买狗,关系到家庭和睦相处。就感情、忠诚和性情而言,决定因素是狗种,而不是雌雄性别。一般应买刚断奶的幼龄狗,此时易调教,易培养感情。应选眼睛明亮、尾巴摇摆,能主动而有信心地朝您走过来的小狗。

(三)狗的喂养

养狗需要一套用具,即狗舍及狗床,盛食物的盘碟,家庭医药箱,洗澡用的肥皂、梳子、趾甲剪、刷子,以及玩具和颈圈等。

对于玩赏狗要经常刷洗,可以增进人与狗感情,有利于训练、调教与使用。家养狗要勤洗澡、梳毛、刷毛、刷牙、剪指甲,护理眼睛和牙齿。溜达散步可作为卫生保健,艰苦运动可练其筋骨。对满周岁的狗宜安排适当的剧烈运动。

喂狗的食物中也应含有水分、蛋白质、脂肪、碳水化合物、矿物质和维生素等六大营养要素。狗用食料种类较多,包括肉及其副产品、鱼类、奶制品及奶油、蛋类、谷类、脂肪和植物油、蔬菜、罐头食品等。饲喂量根据狗体大小而定,以 15 千克的狗为例,每日定量为:肉类 100 克、谷类 400 克、蔬菜 100 克、畜用生长素和维生素适量、盐 5 克,可将食料煮成团状,分两次喂给。对仔狗和哺乳狗,应再添加磷、钙及鱼肝油。我国养狗者不太重视日粮标准,多喂给单一饲料,结果狗很容易患病。狗喜爱温食,一般应喂熟食。喂食应定时、定点、定量,食物温度不要过冷或过热。狗使用的食具应专用、保洁、定期蒸煮消毒。平时充分给水,并经常换水,以保证水质洁净。

仔狗的管理主要是保温、防压、吃足初乳、固定奶头、及时补乳。对幼狗应训练其每天小便 12 次、大便 5 次,随着年龄增长,应适当减少。定期为狗驱除寄生虫。凡要去势的狗,可请兽医在幼年期进行结扎。对"孤儿"仔狗可采用人工饲喂,或找一个合适的"奶妈"。病狗需要充足的水分,可饲喂流质或半流质的动物性蛋白质类食物。对老龄狗的饲养应按习惯顺其自然。

(四)狗的调教

驯狗是给狗各种不同的刺激,包括食物刺激、机械刺激、口令和手势等,使狗产生一系列条件反射,并加以巩固,为人类服务。如训练"过来"、"坐下"、"衔取物品"、"扑咬"、"追踪"、"定点定时大小便",可采用呼叫狗名、强迫和诱导手段。当狗做出正确的动作时,应立即给予奖励(喂食);当狗动作不正确时,应给予诱导乃至惩罚。但总的讲,训练者应对狗友善,使狗对人产生依恋感,这是训练成功的最基本条件。

(五)狗的异常行为

1. 异常攻击行为

如狗表现出对人的支配性攻击行为,试图吠咬主人、支配主人,基本方法是严厉惩罚它,使其屈服。

如狗对孩童表现出竞争性攻击行为,应在调教狗时让小孩出现,使狗获得关心、爱抚,便可消除狗的妒嫉心,与小孩和睦相处。

狗的畏惧性攻击行为通常针对某些特殊的人,应调教狗逐步消除对该人的畏惧情绪。

狗的领地性攻击行为,只针对陌生人,可给予惩罚、击打;或当来访者出现时,主人给狗爱抚和食物,久而久之,狗反而会期待来客进入它的领地。

狗的自发性攻击行为,可能与遗传有关或由于患脑炎而引起,这种无先兆的攻击是很危险的,应将狗处死。

狗群之间支配性的攻击行为,是狗群建立上下等级关系的正常行为,可给取得支配地位的狗尊重和特权,这样便能管理好整个狗群。

2. 异常畏惧行为

有的狗对打雷闪电、炮轰枪响或当其他狗或某些人出现时,会表现出不安、发抖、吠叫或恐惧。可通过安抚和鼓励,逐步使狗克服畏惧行为。

3. 狂躁行为

包括狗异常活跃症、极度狂嚎和毁坏性行为,主要是厌烦、孤独等因素引起的。纠正的方法是,当狗不因上述因素而吠叫时,就给予食物奖励,同时有意识地逐步延长狗独处的时间。使狗适应孤独。

4. 撒娇与异常摄食行为

在主人溺爱的情况下,狗最易表现出各种撒娇行为。对此,主人可完全不理睬它,让狗独自呆着。经过较长时间调教,狗的撒娇行为可望消除。有的狗有异嗜癖,即食石头、橡皮等,可在狗的异嗜物上涂撒胡椒粉,或进行惩罚调教。

(六)狗的疾病

狗病很容易感染给人类,因此家庭喂养犬,应避免过分亲热的行为(如与犬接吻)。一旦被狗抓破、咬伤,应迅速去医院诊治。

犬的常见寄生虫有蛔虫、钩虫、鞭虫、旋毛虫、心丝虫、绦虫、肝吸虫、肺吸虫、螨、蠕形螨、弓形虫、巴贝斯虫等。

犬的常见内科疾病有口炎、咽炎、食管梗塞、胃炎、胃内异物、胃扩张、肠便秘、肠炎、肠套叠、肝炎、感冒、鼻炎、肺炎、维生素缺乏症、膀胱炎等。

犬的常见外科疾病有创伤、脓肿、骨折、结膜炎、角膜炎、外耳炎、风湿症、湿疹、乳腺炎等。

犬的常见传染病有犬瘟热、狂犬病、犬细小病毒病、犬传染性肝炎、犬冠状病毒病、伪狂犬病、犬疱疹病毒感染、犬轮状病毒感染、钩端螺旋体病、布氏杆菌病、犬副伤寒、结核病、大肠杆菌病、皮肤真菌病。

如发现犬有狂犬病症状,应立即捕杀。被狂犬咬伤的人应立即以20%肥皂水冲洗伤口,并用3%碘酒涂抹,并及时接种狂犬病疫苗。(在被咬后的第1、3、7、14、30天时各注射1次,至第40、50天时再加强注射1次。)

对家养的犬应定期预防接种。对狗窝、用具定期消毒灭菌。如狗生病,应带去宠物诊所或兽医院治疗,切勿擅自用药。对病犬的粪、尿、呕吐物和唾液应及时清理,以控制传染源。

三、家庭养观赏鱼

(一)常见的家养观赏鱼品种

1. 金鱼

我国的金鱼可分三大脉系,一是龙睛鱼系,二是丹凤鱼系,三是蛋形鱼系。

龙睛鱼系的金鱼都是凸眼的,它们都有背鳍,有各种颜色,如龙睛鱼、朝天鱼、绣球鱼、龙背球等。

丹凤鱼系的金鱼都是小眼,有背鳍,其中多数尾鳍比较长,如鹅头鱼、珍珠鱼等。

蛋形鱼系的金鱼都是小眼,没有背鳍,尾鳍则有长有短,如水泡眼、狮头、蛙头、鹤顶等。

2. 热带鱼

热带鱼品种繁多,常见的有花鳉科、鳉科、锯盖鱼科。

(1)花鳉科。对环境适应能力强,能耐 6～18℃ 的低温,食性广,最易饲养和繁殖,如孔雀鱼、月光鱼、剑鱼、黑玛丽、珍珠玛丽等。

(2)鳉科。五彩琴尾,是热带鱼中的佼佼者,不宜与其他品种混养。适宜水温为 22～26℃,喜吃活食。

(3)锯盖鱼科。如玻璃拉拉鱼,在阳光的照射下,鱼体完全透明,连内脏的轮廓都可以看得清楚,适应性强,可与其他热带鱼混养。

(4)攀鲈科。如接吻鱼,适应水温 21～28℃、偏酸性的软水。两条接吻鱼相遇时,嘴对嘴可长达十几分钟。

(5)脂鲤科。如霓虹灯鱼,适应水温 22～24℃,喜弱酸性软水,体侧上方有一条霓虹纵带,从眼部直至尾柄前。

(6)丽科。如五彩神仙,适应水温 25～28℃,喜弱酸性软水,性格孤僻,不爱群居,体色受光照变化而变化。

(二)家养观赏鱼的给水和换水

一般居民养鱼用自来水,但自来水中漂白粉会产生游离氯,需要除氯后才能用,否则对观赏鱼有害。

除氯方法有两种。一是曝气法,即放水于储水桶中,在阳光下晾晒 3～5 天;如在室内,应放置一周左右(具体时间还应视水温及含氯量而定)。另一种是化学法除氯,即往自来水中加入硫代硫酸钠,浓度为 1/10000。硫代硫酸钠为无色透明结晶体,在观赏鱼市场上称"海波",一桶水放 2～3 粒搅匀。如果是用自来水养热带鱼,还应注意水温问题,即须将水温度调升至适宜范围,并须对水的硬度和酸度进行调整。可加入纯水来降低硬度,加入小苏打或磷酸二氢钠来降低或升高水的酸碱度。

热带鱼对水温要求比金鱼高,饲养中要认真关注,特别是季节交替、气温变化大的时候。注意水温温差不能超过 1～2℃。可选用市场上加温设施来控制水的温度。

水族箱内种草、养鱼以后,会形成一个小的生态环境,但这个生态环境的自净能力相当弱,因为污染源太多(如鱼粪、残饵、水质混浊、有机物耗氧等),其办法是定期排污、换水,保持水质良好,维持小环境平衡。可以利用虹吸原理,用吸管吸出箱底积粪、残饵等污物和下层水。吸时要轻轻移动吸管口,对准底部污物,注意勿使鱼粪、污物泛起或吸附鱼体。当吸尽污物后,再排掉 1/3 左右下层水,然后补充进适宜的干净水,直至恢复原水位。如玻璃板上有藻类,应用清洁抹布擦掉。

(三)家养观赏鱼的日常养护

鱼放入水箱后,每天都要给食。每天投料的次数和每次投料量,要根据不同的鱼种科学掌握。对日常气温的变化,鱼类活动量等都得仔细观察。每次给鱼喂至八成饱就行了,具体量要平时多观察,做到心中有数。投料应注意固定时间,如每日投 2 次,那么上、下午各一次为宜,上午在 8～9 时,下午在 3～4 时。清早和晚上不宜投喂,其余时间无严格要求。如果因事外出,不能每天给食,三五天不投饵料、鱼是不会饿死的。但在外出前应按正常情况投饵料和换水,保证水质清新,氧气充足,不发生"闷缸"(鱼缸中缺氧)事故。天然活饵营养丰富,可自行捕捉或到市场上购买。多余的饵料可放入水中暂养,需要喂时再捞取。冬天,活饵料缺乏时,可投入干饵料。花鸟市场有鱼虫干或人工配合颗粒饵料供应。

根据不同季节,做好鱼缸的清洁、保养工作很重要。这中间包括换水、清扫,适当的时候需给水中补氧,否则会出现"浮头"(鱼头露出水面吸氧)现象,尤其是黄梅季节,易出现"闷缸"。

(四)观赏鱼的病虫害防治

预防鱼病首先要弄清生病的原因,再采取措施,才能有效地防止鱼病的发生。水温的失宜,饲喂的不当,操作的失慎,都是产生鱼病的原因。另外还要注意不要将外部病原体带给家鱼。特别在新添鱼种时。要预防鱼病发生。

下面介绍几种常见鱼病的防治:

细菌性腐败病:病鱼体表局部发炎充血、脱鳞。可用呋喃西林、漂白粉、抗生素治疗。

烂鳍病:鱼鳍破损变色、无光泽,烂处有异物;或透明的鳍叶发白,白色逐渐扩大。可用食盐、抗生素治疗。

鳃病:因被细菌或寄生虫侵蚀引起,病鱼头部发乌,鳃丝发白。可用呋喃西林或高锰酸钾、福尔马林、食盐治疗。

鳞病:病鱼鳞片张开似松果,鳞片基部秃光。可用食盐、呋喃西林、抗生素治疗。

肠炎:病鱼腹部膨大,肛门红肿突出。可用磺胺类药物治疗。

培训机构名称、地址

培训机构名称	培训机构地址	法人代表
省直及武汉市		
东风汽车公司就业训练中心	十堰市公园路 86 号(东风就业大厦)	金国权
江汉石油管理局就业训练中心	潜江市广华路	刘保平
武汉铁路局职工教育培训基地	武汉市武昌区武南一村 243 号	张艳平
湖北省楚垣集团有限责任公司	武汉市武昌区中南三路 21 号	陈文贵
湖北省总工会困难职工帮扶中心	武汉市武昌区首义路 234 号	刘长胜
湖北省人力资源市场	武汉市武昌区珞瑜路 113 号	冯 江
中建三局职工培训中心	武汉市武昌区民主路 271 号	陈 飞
湖北省电力建设技工学校	武汉市江岸区新湖 5 村特 1 号	高 勇
湖北文达电脑培训学校	武汉市洪山区珞狮南路 46 号	胡 正
湖北蒙妮坦职业培训学校	武汉市江汉区杨汊湖党校路 128 号	李文莉
湖北第一厨师学校	武汉市汉阳区汉阳大道 473 号	刘 君
黄 石 市		
黄石市高级技工学校	团城山开发区	胡明钦
大冶市劳动就业训练中心	大冶市湖滨路 17 号	陈 谷
阳新县劳动就业训练中心	阳新县石油大厦对面	吴高武
十 堰 市		
十堰市高级技工学校	十堰市北京路 55 号	李建新
丹江口工业技工学校	丹江口楸树湾	王汝涛
竹溪县技工学校	县城建设路 273 号	刘自成
竹山县技工学校	县城北大街 584 号	刘 勇
房县技工学校	县城凤凰山路 123 号	杜光森
十堰市劳动就业训练中心	十堰市河北路 8 号	王中礼
郧县劳动就业训练中心	县城郧阳北路 54 号	高儒昌
郧西县劳动就业培训中心	县城富康大道 34 号	刘长青
荆 州 市		
荆州市高级技工学校	荆州区东路 219 号	何志祥

续表

培训机构名称	培训机构地址	法人代表
荆州市劳动就业训练中心	沙市区塔桥北路 55 号	杨思红
洪湖市劳动就业训练中心	洪湖市新洪路 71 号	张　勇
松滋市劳动就业训练中心	松滋新江口五一路 60 号	杨中元
石首市劳动就业训练中心	石首市碧玉街 21 号	易　波
监利县劳动就业训练中心	容城镇交通路 121 号	胡先举
江陵县劳动就业训练中心	江陵县郝穴镇花园路	李军曲
公安县劳动职业技术学校	公安县斗湖堤长江路 76 号	樊明洪
襄　阳　市		
襄阳市高级技工学校	襄阳市人民路 35 号	陈红岩
襄阳市劳动就业训练中心	襄阳市襄城区檀溪路 12 号	吴江波
南漳县劳动就业训练中心	南漳县城关便河路 26 号	李光军
宜城市劳动就业训练中心	宜城市襄沙大道 33 号	杜卫华
保康县劳动就业训练中心	保康县城关镇	余　伟
枣阳市劳动就业训练中心	枣阳市民主路 17 号	赵　勇
谷城县劳动就业训练中心	谷城城关银城大道	胡建军
老河口市劳动就业训练中心	老河口市胜利路 73 号	张　琳
宜　昌　市		
宜昌市工业技工学校	宜昌市珍珠路 82 号	杨庆华
宜昌市劳动就业培训中心	宜昌市肖家巷 21 号	肖　敏
五峰县劳动就业培训中心	五峰土家族自治县五峰镇正街 4 号	张家权
秭归县就业培训中心	秭归新县城西楚路	谭　华
远安县就业训练中心	远安县沮阳路 20 号	王　波
兴山县就业培训中心	古夫镇昭君路 8 号	王桂林
长阳县劳动就业培训中心	湖北长阳龙舟坪镇清江路 211 号	汪德衍
宜都市劳动就业训练中心	陆城长江大道 52 号	段　艳
枝江市劳动就业训练中心	枝江市城区礼化路 8 号	余发晓
当阳市劳动就业培训中心	南正街 3 号	胡生华
黄　冈　市		
湖北黄冈高级技工学校	黄州坡仙路 9 号	明亚福

培训机构名称	培训机构地址	法人代表
黄冈市劳动就业培训中心	黄州区西湖一路 39 号	王亚平
红安县就业培训中心	红安县陵园大道附 48 号	李丽萍
麻城市劳动就业培训中心	麻城市建设路 33 号	李汉生
浠水县就业训练中心	浠水县清泉镇丽文北路 91 号	周家旺
罗田县劳动就业训练中心	罗田县凤山镇义水北路 240 号	肖樊峰
英山县劳动就业训练中心	英山县金石路 54 号	沈卫东
蕲春县劳动就业训练中心	蕲春县漕河齐昌大道 276 号	郭茂顺
黄梅县劳动就业训练中心	黄梅县黄梅镇人民大道 286 号	李瑾瑜
团风县劳动就业培训中心	团风县得胜大道	陈年保
武穴市天码职业技术培训学校	武穴市栖贤路 24 号	张志勇
咸　宁　市		
咸宁市高级技工学校	咸宁市万年路 2 号	周洪源
咸宁市劳动就业训练中心	咸宁市茶花路 12 号	陈正林
赤壁市劳动就业训练中心	赤壁市黄龙大道 100 号	解　斌
嘉鱼县劳动就业训练中心	鱼岳大道 43 号	管周鸣
通城县劳动就业训练中心	通城县银城西路 41 号	汪光华
崇阳县劳动就业训练中心	崇阳县建设路 18 号	甘毅华
通山县劳动就业训练中心	通山县通羊镇南市路	陈音布
恩　施　州		
恩施州培训中心	恩施市土桥大道 148 号	曹子燕
恩施市就业培训中心	恩施市施州大道 170 号	余以刚
来凤县就业培训中心	来凤县东和平路 37 号	燕　华
鹤峰县就业培训中心	鹤峰县容美镇康岭村	郝金阶
建始县就业培训中心	建始县邺州镇人民大道 135 号	魏宗华
巴东县就业培训中心	巴东县金堂路	武光华
宣恩县就业培训中心	宣恩县民族路 21 号	燕为义
利川市就业培训中心	利川市西城普庵路	卓　勇
咸丰县就业培训中心	咸丰高乐山镇前胜街	吴义明

培训机构名称	培训机构地址	法人代表
潜 江 市		
潜江市技工学校	潜江市园林办事处红梅路 1 号	许定山
潜江市劳动就业训练中心	潜江市园林办事处湖滨路 6 号	黄树旗
仙 桃 市		
仙桃市技工学校	仙桃市流潭公园东侧	夏可爱
仙桃市劳动就业训练中心	仙桃市仙桃大道 34 号	翁志顶
天门市及神农架林区		
天门市技工学校	天门市钟惺大道 43 号	方国祥
天门市就业训练中心	天门市钟惺大道 43 号	李克烂
神农架林区劳动就业训练中心	神农架林区松柏镇神农大道 36 号	董明山
荆 门 市		
荆门市就业培训中心	荆门市五一路 18 号	魏先亮
京山县劳动就业训练中心	京山县新市镇交通路 23 号	张 平
沙洋县劳动就业训练中心	沙洋县桥头街 6 号	杨云飞
钟祥市劳动就业训练中心	钟祥市郢中镇莫愁大道 25 号	吴天立
鄂 州 市		
鄂州市劳动就业训练中心	鄂州市鄂城区江碧路 114 号	孟庆平
孝 感 市		
孝感市劳动培训中心	市城站路 141 号	余建伟
汉川市劳动就业训练中心	仙女山办事处白云奄路	张友才
应城市劳动就业培训中心	应城市育才路 12 号	杨幺生
安陆市劳动就业训练中心	安陆市德安南路 68 号	周 剑
大悟县劳动就业培训中心	大悟县汉大市场 58 号	殷 勇
孝昌县劳动就业培训中心	孝昌县古城大道	向三宏
随 州 市		
随州市劳动就业训练中心	随州市沿河大道 176 号	刘厚才
广水市劳动就业训练中心	广水市应山办事处航空南路 17 号	李小弘